Medizin, Kultur, Gesellschaft

Monika E. Fuchs · Julia Inthorn
Charlotte Koscielny · Elena Link
Frank Logemann
Hrsg.

Organspende als Herausforderung gelingender Kommunikation

 Springer VS

Hrsg.
Monika E. Fuchs
Institut für Theologie
Leibniz Universität Hannover
Hannover, Deutschland

Julia Inthorn
Zentrum für Gesundheitsethik
an der Ev. Akademie Loccum
Hannover, Deutschland

Charlotte Koscielny
Institut für Theologie
Leibniz Universität Hannover
Hannover, Deutschland

Elena Link
Institut für Journalistik
und Kommunikationsforschung
Hochschule für Musik, Theater
und Medien Hannover
Hannover, Deutschland

Frank Logemann
Medizinische Hochschule Hannover
Netzwerk der Transplantations-
beauftragten Region NORD e.V.
Hannover, Deutschland

ISSN 2730-9142   ISSN 2730-9150   (electronic)
Medizin, Kultur, Gesellschaft
ISBN 978-3-658-39232-1   ISBN 978-3-658-39233-8   (eBook)
https://doi.org/10.1007/978-3-658-39233-8

Die Deutsche Nationalbibliothek verzeichnet diese Publikation in der Deutschen Nationalbiblio-
grafie; detaillierte bibliografische Daten sind im Internet über http://dnb.d-nb.de abrufbar.

Planung/Lektorat: Frank Schindler

Springer VS ist ein Imprint der eingetragenen Gesellschaft Springer Fachmedien Wiesbaden
GmbH und ist ein Teil von Springer Nature.
Die Anschrift der Gesellschaft ist: Abraham-Lincoln-Str. 46, 65189 Wiesbaden, Germany

Vorwort

Der hier vorliegende, interdisziplinär angelegte Band führt Vorträge und Diskussionen der im Juni 2021 stattgefundenen Hannoveraner Kooperationstagung „Sprache finden, wo Worte fehlen. Organspende als Herausforderung gelingender Kommunikation" zusammen und zugleich weiter. Als in unterschiedlichen Handlungs- und Diskursfeldern agierendes Herausgeberteam verbindet uns dabei das Interesse und die Zielsetzung, die im Feld bestehenden Ambivalenzen weder als Polarisierungen wahrzunehmen noch sie beseitigen zu wollen, sondern stattdessen die innewohnenden Kontingenzen reflektieren zu können und kommunizieren zu lernen. Im Fokus stehen Kommunikations- und Entscheidungsfindungsprozesse zwischen Angehörigen und medizinischem Fachpersonal im Kontext einer potenziellen Organspende, die wiederum eingebettet sind in juristische Vorgaben und gesamtgesellschaftliche Debatten. Interdisziplinär verzahnen sich medizinische und medizinethische Perspektiven mit solchen von Bildung und Gesundheitskommunikation.

Der erste Teil widmet sich den Rahmenbedingungen und Kontexten und nimmt zunächst das Diskursfeld insgesamt in den Blick, bevor auf massenmediale Vorprägungen und interpersonale Kommunikationsstrukturen eingegangen wird.

Der zweite Teil dient der Präzisierung der Wahrnehmung und fragt gezielt nach Herausforderungen aller (direkt oder indirekt) am Gesprächsprozess Beteiligten. Die Perspektive der Ärztinnen und Ärzte sowie in besonderer Weise auch der Transplantationsbeauftragten auf konfligierende Gesprächsziele wird ergänzt durch empirische Ergebnisse zu den Motivlagen und Fragen im Rahmen der Entscheidung über eine zukünftige Organspende, wobei ein spezifisches Augenmerk auf das Unbehagen und kritische Positionierungen zur Organspende gelegt wird. Es folgt eine Typisierung der Problemkonstellationen, die Angehörige in der

Gesprächssituation erleben. Im Weiteren werden Reaktionen und Verhaltensmuster unter emotionspsychologischer Perspektive eingeordnet.

Schließlich fragen die Beiträge des dritten Teils aus kommunikationswissenschaftlicher, bildungstheoretischer und medizinethischer Perspektive danach, wie Rahmenbedingungen, Fähigkeiten und Kenntnisse verbessert werden können, um die Kommunikationssituation über Organspende konkret zu entlasten.

Wir danken Frank Schindler, Britta Laufer, Abhishek Mitra und Cécile Schütze-Gaukel vom Springer-Verlag für ihre konstruktive und wohlwollende Begleitung dieses Projekts. Unser Dank gilt zudem Lea Simon für ihre zuverlässige und gründliche Korrekturdurchsicht der Beiträge sowie Michell Held und Benjamin Roth für ihre organisatorische Unterstützung.

Nicht zuletzt danken wir den Autorinnen und Autoren für ihre domänenspezifisch perspektivierten und zugleich interdisziplinär avisierten Beiträge. Wir wünschen dem Band eine rege Lektüre und verbinden damit die Hoffnung, dass eine gelingende Kommunikation mit Ihnen als Leserinnen und Leser ihre Fortsetzung findet.

Hannover   Monika E. Fuchs
Juli 2022   Julia Inthorn
                                                              Charlotte Koscielny
                                                                     Elena Link
                                                               Frank Logemann

Inhaltsverzeichnis

Autorenverzeichnis

Barbara Denkers Evangelisches Klinikpfarramt, Medizinische Hochschule Hannover, Hannover, Deutschland

Ruth Denkhaus, Mag. Theol., Zentrum für Gesundheitsethik an der Ev. Akademie Loccum, Hannover, Deutschland

Prof. Dr. Monika E. Fuchs Institut für Theologie, Leibniz Universität Hannover, Hannover, Deutschland

Prof. Dr. Susanne Hirsmüller Hebammenkunde, Fliedner Fachhochschule, Düsseldorf, Deutschland

Dr. Julia Inthorn Zentrum für Gesundheitsethik an der Ev. Akademie Loccum, Hannover, Deutschland

Charlotte Koscielny, M.Ed., Institut für Theologie, Leibniz Universität Hannover, Hannover, Deutschland

Dr. Elena Link Institut für Journalistik und Kommunikationsforschung, Hochschule für Musik, Theater und Medien Hannover, Hannover, Deutschland

Dr. Frank Logemann Medizinische Hochschule Hannover, Netzwerk der Transplantationsbeauftragten Region NORD e.V., Hannover, Deutschland

Margit Schröer, Dipl.-Psych., Düsseldorf, Deutschland

Mona Wehming Institut für Journalistik und Kommunikationsforschung, Hochschule für Musik, Theater und Medien Hannover, Hannover, Deutschland

Teil I

Grundlagen und Kontexte

Organspende als Herausforderung gelingender Kommunikation – Einführung

Monika E. Fuchs, Julia Inthorn, Charlotte Koscielny, Elena Link und Frank Logemann

1 Forschungs- und Ausgangslage

In Deutschland kann die Transplantation von Organen einer Person bei diagnostiziertem irreversiblem Hirnfunktionsausfall nur erfolgen, wenn dies deren erklärtem oder mutmaßlichem Willen entspricht (TPG 1997). Die Dokumentation dieses Willens erfolgt über den sog. Organspendeausweis und wird in der Regel bei nahen Angehörigen erfragt. Die Zahl der Organspenden im Land ist im Verhältnis zu den

M. E. Fuchs (✉) · C. Koscielny
Institut für Theologie, Leibniz Universität Hannover, Hannover, Deutschland
e-mail: monika.fuchs@theo.uni-hannover.de; charlotte.koscielny@theo.uni-hannover.de

J. Inthorn
Zentrum für Gesundheitsethik an der Ev. Akademie Loccum, Hannover, Deutschland
e-mail: Julia.Inthorn@evlka.de

E. Link
Institut für Journalistik und Kommunikationsforschung, Hochschule für Musik, Theater
und Medien Hannover, Hannover, Deutschland
e-mail: Elena.Link@ijk.hmtm-hannover.de

F. Logemann
Medizinische Hochschule Hannover, Netzwerk der Transplantationsbeauftragten
Region NORD e.V., Hannover, Deutschland
e-mail: Logemann.Frank@mh-hannover.de

europäischen Nachbarn jedoch vergleichsweise niedrig.[1] Es zeigt sich zudem eine Diskrepanz zwischen der grundsätzlich positiven Einstellung zur Organspende bei einer vergleichsweise geringen Zahl an tatsächlichen Spenden (Zimmering und Caille-Brillet 2021;[2] Inthorn et al. 2014). So richtet sich das Hauptaugenmerk in Forschung und Diskurs bislang überwiegend auf das Für und Wider des Einflusses unterschiedlicher gesetzlicher Regelungen – wie beispielsweise der Entscheidungs- oder Widerspruchslösung – auf die Organspendebereitschaft (Deutscher Ethikrat 2015) sowie auf die persönlichen Einstellungen zur Organspende in der Bevölkerung (Tackmann und Dettmer 2018, 2019; Barmer 2018). Eher unterbelichtet bleibt hingegen der Entscheidungsfindungsprozess, wenn Ärztinnen und Ärzte in Erwägung ziehen, dass eine Patientin oder ein Patient als Organspenderin oder -spender in Frage kommen könnte und damit an die Angehörigen herantreten. Ergebnisse internationaler Studien deuten indes darauf hin, dass der Kommunikationsprozess in dieser Situation einen hohen Stellenwert hat und mehr Beachtung finden muss (Costa-Font et al. 2021).

Jene Kommunikation im Kontext der Organspende gehört zu den sensibelsten und zugleich herausforderndsten Aufgaben im Klinikalltag. Angehörige und medizinisches Fachpersonal begegnen sich in einer äußerst belastenden Phase der Trauer und Verletzlichkeit und müssen doch gemeinsam klären, ob ein Organspendeausweis vorliegt und das bereits intensivmedizinisch betreute Familienmitglied einer Organspende zustimmen würde. Die Interessen der Beteiligten unterscheiden sich und treffen sich doch zugleich in der Zielsetzung, den Willen der Patientin oder des Patienten mit dieser Entscheidung umzusetzen. Hier begegnen sich Laien und Professionelle, unterschiedliche Wissensstände und Werte, unter Umständen auch unvereinbare Ziele und Motivlagen. Medizinisches Fachvokabular und menschliche Sprachlosigkeit bilden ein eindrücklich bedrückendes Paar. Angehörige, die sich in einer Ausnahmesituation befinden und vor dem Hintergrund eines je individuellen Zusammenspiels von Information, Kognition und Emotion an einem Gespräch teilnehmen, treffen auf Transplantationsbeauftragte und auf Ärztinnen und Ärzte, die zusätzlich auch das Wohl Dritter, der potenziellen Organemp-

---

[1] Vgl. die Tabelle „Patientinnen und Patienten zu Anzahl postmortaler Organspenderinnen und -spender je eine Million Einwohner 2020" auf der BZgA-Webseite https://www. organspende-info.de/zahlen-und-fakten/statistiken/ (Zugegriffen: 29. Juli 2022).

[2] Studien zeigen, dass zwar die Mehrheit der Deutschen eine positive Grundeinstellung zur Transplantationsmedizin und zur Organspende hat, jedoch nur 44 % ihre Entscheidung für oder gegen eine Spende in ihrem Spenderausweis dokumentiert haben (Zimmering und Caille-Brillet 2021). Diese Diskrepanz stellt insofern ein Hindernis in der Kommunikation zwischen medizinischen Fachkräften und Angehörigen dar, als die Wünsche einer Person oft nicht genau bekannt sind.

fängerinnen und -empfänger, vor Augen haben. Zuweilen wird die Verständigung durch Seelsorgende oder das klinische Ethikkomitee zu unterstützen gesucht.

2   Rahmenbedingungen der Kommunikation

Dabei unterliegt die Kommunikation juristischen und organisatorischen Vorgaben ebenso wie normativen und ethischen Prämissen. Die emotionale Gemengelage der am Gespräch Beteiligten sowie gesamtgesellschaftliche und medial geführte Diskurse markieren weitere Einflussfaktoren.

2.1   Systemische und juristische Perspektiven

Das deutsche Transplantationsgesetz (TPG 1997) regelt, dass in jeder qualifizierten Klinik ein Arzt oder eine Ärztin als Transplantationsbeauftragte/r für die Koordination aller Abläufe rund um die Organtransplantation zuständig ist. Die Transplantationsbeauftragen werden spezifisch und fortlaufend geschult, müssen vertiefte Fachkenntnisse und Erfahrungen auf Intensivstationen nachweisen (Bundesärztekammer 2015; DIVI 2019) und agieren innerhalb eines klar definierten gesetzlichen Rahmens (TPG 1997; Bundesärztekammer 2020). Das Transplantationsgesetz und die Richtlinien der Bundesärztekammer sehen vor, dass die Transplantationsbeauftragten spätestens bei der Feststellung der ungünstigen Prognose einbezogen werden und eine angemessene Betreuung der Angehörigen potenzieller Organspenderinnen und -spender sicherstellen müssen. Dementsprechend sollten frühzeitig Gespräche mit den Angehörigen geführt werden – zunächst orientierend, später konkretisierend – zu Themen wie Prognose, Therapieziele, Hirnfunktionstest, Organspende und Risiken.

Transplantationsbeauftragte stehen damit vor der schwierigen Aufgabe, ein sensibles Thema in einer für die Angehörigen sehr emotionalen Phase anzusprechen. Um den hohen Anforderungen an eine erfolgreiche Gesprächsführung gerecht zu werden, benötigen sie fundiertes Wissen über die medizinischen, rechtlichen und ethischen Aspekte der Organspende, Kompetenzen und Erfahrungen in der Krisenkommunikation sowie die Fähigkeit zu Empathie und Rücksichtnahme (Bundesärztekammer 2015; Breidenbach und Hesse 2011; Darnell et al. 2020). Solche kommunikativen Fähigkeiten vermögen Angehörige in ihrem Entscheidungsprozess zu unterstützen (Curtis et al. 2021). Das Wissen des bzw. der Verstorbenen und der Angehörigen über Organtransplantation und Organspende, frühere familiäre Kommunikation über Organspende und das gegenseitige Wissen um Einstellungen und Wünsche, zu Körperbildern und Tod (Wöhlke et al. 2015; Deutscher Ethikrat 2015) bilden den Ausgangspunkt der Kommunikation zwischen Ärztinnen, Ärzten und Angehörigen. Das Gespräch über die Organspende soll dabei sicherstellen, dass die Autonomie des oder der Verstorbenen respektiert wird und die Angehörigen in die Lage versetzt werden, für ihre Familienmitglieder zu sprechen, ohne dass sie in ihrer Trauer zusätzlich verletzt werden.

2.2   Normative und ethische Perspektiven

In ethischer Hinsicht vermögen diese Achtung der Autonomie der verstorbenen Person und das Handeln nach ihren Wünschen als Leitprinzipien für den Entscheidungsprozess zu gelten (Deutscher Ethikrat 2015). Dies hat zur Folge, dass die Wünsche des Patienten und der Patientin durch Kommunikation ermittelt werden müssen. Es ist deshalb von besonderer Bedeutung, ob das Thema Organspende in der Familie besprochen wurde und inwiefern die Wünsche der Person bekannt sind (DIVI 2019).

Die Achtung der Autonomie ist im Falle einer Organspende zudem auf eine Entscheidungsfindung zu beziehen, die weiter gefasst ist und über die reine informierte Zustimmung hinausgeht. Denn die Notwendigkeit, die Entscheidung in relativ kurzer Zeit treffen zu müssen, ist für Familienmitglieder eine Herausforderung und kann zu einer gefühlten Dilemma-Situation führen (de Groot et al. 2015), wie überhaupt Emotionen einen nicht zu unterschätzenden Einflussfaktor darstellen. Daher ist die Bereitstellung allgemeiner Informationen nur ein Schritt, um Entscheidungen zu ermöglichen. Angehörige, die in den Kommunikations- und Entscheidungsprozess eingebunden sind, müssen in diesem vulnerablen Zustand auch vor Leid und weiteren Belastungen geschützt werden (Ma et al. 2021).[3]

Im Idealfall orientiert sich die Entscheidung an dem zuvor kommunizierten und dokumentierten Wunsch des Patienten bzw. der Patientin. In der akuten Entscheidungssituation fragen Ärztinnen und Ärzte die Angehörigen nach einem

---

[3] Studien zeigen, wie Ambivalenzen individuelle Entscheidungsprozesse zur Organspende prägen (Pfaller et al. 2018). Diese Ambivalenzen sind den Angehörigen jedoch möglicherweise nicht bekannt und lassen sich aus der Außenperspektive nur schwer erforschen. Angehörige, die gebeten werden, eine stellvertretende Entscheidung für einen geliebten Menschen zu treffen, befinden sich in einer belastenden Situation und benötigen Unterstützung vor und nach der Entscheidungsfindung (Ma et al. 2021). Internationale Studien berichten über die Erfahrungen von Angehörigen in solchen Entscheidungssituationen; dabei wurden mehrere Faktoren identifiziert, die den Entscheidungsprozess von Angehörigen potenziell beeinflussen, darunter die Bedeutung von Informationen, familiärer Kommunikation und Transparenz (Becker et al. 2020; Afifi et al. 2006).

Organspendeausweis, den Wünschen und gegebenenfalls dem mutmaßlichen Willen des oder der Versterbenden. In der Regel wird diese Aufgabe von den jeweiligen Transplantationsbeauftragten wahrgenommen (Sinner und Schweiger 2021), jedoch ist bisher wenig über deren Perspektiven, Erfahrungen und die Faktoren und Bedingungen bekannt, die den Kommunikations- und Entscheidungsfindungsprozess zur postmortalen Organspende erleichtern oder einschränken.

Gleichwohl gilt diese Phase der Kommunikation als Engpass im Prozess der Organspende (Rey et al. 2012; Klinkhammer 2011; Breidenbach und Hesse 2011). Sie zielt auf eine Entscheidung, die auf dem Willen des Patienten bzw. Verstorbenen beruht. Dieser Wille wird durch zahlreiche Kontroversen zu ethischen Fragen rund um die Organspende in Deutschland beeinflusst. Dazu gehören die Diskussion unterschiedlicher Konzepte des (Hirn-)Todes wie beispielsweise das des irreversiblen Verlustes der gesamten Hirnfunktion als Todesdefinition, die „Dead Donor Rule", die Abgrenzung zum Herztod (Deutscher Ethikrat 2015), die Debatte, wie die Autonomie in dieser Frage am besten durch einen rechtlichen Rahmen (Zustimmungs-/Entscheidungs-/Widerspruchsregel) gesichert werden kann, und die Diskussion über Verteilungsregeln und Verteilungsgerechtigkeit. In diesen Grundsatzdebatten treffen Autonomie- und Körperkonzepte sowie Haltungen zum Tod und zur Spende auf persönliche Überlegungen und führen in vielen Fällen zu einer Entscheidung (Inthorn et al. 2014).

2.3   Soziale, personale und mediale Perspektiven

Gerahmt sind die Gespräche von gesellschaftlicher bzw. medial vermittelter Kommunikation über Organspende und Transplantationsmedizin. Entsprechend kann gefragt werden, welche Diskurse zum Thema Organspende aktuell besonders prägend sind, welche Informationen und Werthaltungen vermittelt werden und wie sich Bürgerinnen und Bürger zu diesem Thema informieren. Sie sind in wachsendem Maße gefordert, eine aktive Rolle bei ihrer Gesundheitsversorgung zu spielen, sollen Verantwortung für ihre Gesundheitsförderung und Krankheitsprävention übernehmen und informierte gesundheitsbezogene Entscheidungen treffen (Chewning et al. 2012; Rummer und Scheibler 2016). Die Organspende ist eine dieser kritischen gesundheitsbezogenen Entscheidungen, insofern sie jeden Einzelnen vor die Aufgabe stellt, selbst einen Organspendeausweis zu unterschreiben oder als bevollmächtigte Person für eine angehörige Person über eine Organspende zu entscheiden.

Hinsichtlich der gezielten Suche nach Gesundheitsinformationen, die wiederum die Bildung von Einstellungen und die Entscheidungsfindung beeinflussen, zeigt sich, dass immer mehr und medial unterschiedlich vermittelte Gesundheitsinformationen zur Verfügung stehen.[4] Die Forschung zur Informationssuche und dem Scannen von Informationen über Organspende in Deutschland eröffnet, welche Quellen von verschiedenen soziodemografischen Gruppen genutzt werden (Barmer 2018; Lange und von der Lippe 2011). Insgesamt und aufgrund der großen Auswahl an Quellen (Link 2019) wenden sich Personen am häufigsten an das Internet, Zeitungen, Fernsehsendungen sowie Familie und Freunde, um sich über Organspende zu informieren (Lange und von der Lippe 2011).

Neben diesen Formen informellen Lernens rückt auch das formale Lernen ins Blickfeld. Nicht zuletzt die schulische Bildung will in bioethischen Fragen zu einer individuellen Reflexion über komplexe Themen anregen und zu einer informierten und begründeten Entscheidungsfindung beitragen. Die unterrichtliche Behandlung von Themen wie der Organspende zielt darauf ab, die ethische Urteilsbildung der Lernenden im Sinne des Dreiklangs „Bewerten – Urteilen – Entscheiden" (Fuchs 2010, S. 196) auszubilden bzw. auszudifferenzieren. Dies gilt insbesondere für medizinethische Themen, die stark in der Lebenswelt und im Alltag der Schülerinnen und Schüler verankert sind. Dadurch wird einerseits die Wahrnehmungs- und Interpretationsfähigkeit geschult (Ulrich-Riedhammer 2017) und andererseits die Argumentations- und Dialogfähigkeit trainiert (Kubitza 2010; Haen und Krimmer 2015).

Wenn nun Jugendliche mit Vollendung des sechzehnten Lebensjahrs einen Organspendeausweis erhalten, wird die ethische Auseinandersetzung um die Organspende in hohem Maße realitätsrelevant und schafft eine kompetenztheoretisch und paradigmatisch anspruchsvolle „Anforderungssituation" (Lenhard 2017; Neier und Schwich 2018; Buck und Knelles-Neier 2018). Dabei vermag die schulische Auseinandersetzung insofern über die bloße ethische Urteilsbildung hinauszugehen, als sie zu einem unmittelbaren Ausfüllen des Organspendeausweises und damit zu einer tatsächlichen Entscheidung führen kann (Neier 2020).

---

[4] Das Gesundheitsinformationshandeln (d. h. die Suche sowie Auseinandersetzung mit gesundheitsbezogenen Informationen) ist eine zentrale Voraussetzung für die Befähigung des Einzelnen, sich aktiv an der Gesundheitsversorgung zu beteiligen. Das Informationshandeln lässt sich in zwei große Typen einteilen: Informationsaufnahme/-scanning und Informationssuche (Atkin 1973; Hornik und Niederdeppe 2008; Knobloch-Westerwick 2008). Unter Informationsscanning versteht man den Erwerb von Informationen oder die Offenheit für potenziell relevante Informationen zur Organspende durch den routinemäßigen Kontakt mit Informationsquellen (Hornik und Niederdeppe 2008). Im Gegensatz dazu ist die Informationssuche eine „gezielte Beschaffung von Informationen" (Johnson und Meischke 1993, S. 343) durch einen mehrstufigen Prozess, der durch seine Komponenten wie „… Auslöser, Kanal, Quelle, Suchstrategie, Art der gesuchten Informationen und Ergebnis" (Galarce et al. 2011, S. 168) gekennzeichnet ist. Wie diese einzelnen Komponenten des Prozesses zusammenwirken, hängt von persönlichen und situativen Faktoren ab (Lambert und Loiselle 2007).

Neben der grundsätzlichen Frage, wie die Schülerinnen und Schüler damit umgehen, ist von Interesse, welche Aspekte im Unterricht besprochen werden und welches familiäre Gesprächsverhalten oder Informationshandeln dadurch ausgelöst wird. Schließlich ist auch zu fragen, welche Rolle dem „Lernort Familie" zukommt bzw. zukommen kann,[5] insofern das Vorwissen über die Wünsche des oder der Verstorbenen einen bedeutenden Einflussfaktor für die Entscheidungen der Familienangehörigen darstellt (Miller und Breakwell 2018). Im konkreten Entscheidungsfindungsprozess können das Teilen von Sorgen, die Gewinnung von sozialer Unterstützung sowie das Einholen von Gesundheitsinformationen und Ratschlägen als Bewältigungsstrategien für subjektive und medizinische Unsicherheit dienen (Brashers 2001). Durch ihr Informations- und Kommunikationshandeln versuchen Betroffene, die Kontrolle über ihre Situation zu erlangen, sich Wissen anzueignen, mit negativen Emotionen wie Angst umzugehen, einen Sinn zu finden und nach Orientierung für die Entscheidungsfindung zu suchen (Johnson und Case 2012; Kreps 2008).

Zusammenfassend lässt sich sagen, dass vielfältige persönliche, psychosoziale und edukative Determinanten sowie situations- und kontextbedingte Faktoren den Informationsbedarf des/der Einzelnen und ihr Kommunikationsverhalten in Bezug auf die Organspende beeinflussen.

3   Die Beiträge des Bandes im Überblick

Der vorliegende Band stellt nun genau jene Kommunikation zwischen medizinischem Personal und Angehörigen ins Zentrum und beleuchtet soziale und emotionale Gelingens- und Hemmfaktoren sowie bildungs- und kompetenztheoretische Facetten ebenso wie ethische und normative Rahmenbedingungen für die Entscheidungsfindung.

---

[5] Aus Deutschland liegen nur wenige Erkenntnisse über familiäre Kommunikation vor. Wenngleich offenkundig ist, dass Gesundheitsthemen häufig mit Familie und Freunden besprochen werden, bleiben die Prädiktoren für zwischenmenschliche Gespräche im Allgemeinen eine Blackbox in der Gesundheitskommunikationsforschung. US-amerikanische Studien liefern erste Hinweise dahingehend, dass die familiäre Kommunikation über Organspende getriggert wird u. a. durch die Wahrnehmung von Unsicherheit, affektive Reaktionen, Ergebnis- und Wirksamkeitserwartungen im Blick auf kontroverse Gespräche sowie notwendige Bewältigungsressourcen (z. B. Afifi et al. 2006; Miller und Breakwell 2018; Park und Smith 2007). Darüber hinaus legen Befunde nahe, dass wahrgenommene normative Einflüsse des sozialen Umfelds einen starken Einfluss auf das individuelle Gesundheitshandeln haben (McEachan et al. 2011; Yang et al. 2014), auch bzgl. der Organspende (z. B. Park und Smith 2007).

Teil 1: Grundlagen und Kontexte

Im Beitrag der beiden Kommunikationswissenschaftlerinnen Elena Link und Mona Wehming *Organspende als Gegenstand massenmedialer und interpersonaler Kommunikation* wird in den Fokus gerückt, wie sich Bürgerinnen und Bürger über das Thema Organspende informieren und was die Organspende als Medieninhalt auszeichnet. Der Aufsatz nimmt aus einer kommunikationswissenschaftlichen Perspektive eine Bestimmung des Status quo öffentlicher und interpersonaler Kommunikation über Organspende vor, die als bedeutender Einfluss informierter Entscheidungsfindung über die Organspende betrachtet wird und damit einen Kontextfaktor für gelingende Kommunikation darstellt.

Teil 2: Akteure und Aspekte im Gesprächsverlauf

Der Mediziner und Transplantationsbeauftragte Frank Logemann blickt in seinem Beitrag *Das Leid der Angehörigen und der Druck der Warteliste: Die Aufgabe von Ärztinnen und Ärzten bei Gesprächen zur Organspende* auf die teils gleichgerichteten, teils konfliktträchtigen Anforderungen, die sich an die Leitenden von Angehörigengesprächen im Kontext der Organspende richten. Diese unterschiedlichen Interessenlagen stammen von Organspendenden, deren Angehörigen, Organempfangenden, Klinikleitungen und -mitarbeitenden sowie den am Gespräch Beteiligten selbst. Insofern nicht alle (un-)bewussten Manipulationen im Rahmen des Angehörigengesprächs durch Regelwerke verhindert werden (können), wird dafür plädiert, dass Gesprächsführende ihre Aufgaben und die Einflussfaktoren im Rahmen des Gesprächs kennen und dafür Sorge tragen, dass das Ergebnis den Willen der Spenderin oder des Spenders reflektiert.

Aus der Perspektive einer Klinikseelsorgerin entfaltet Barbara Denkers *Gespräche zur Organspende: Herausforderungen für Angehörige*. Sie sind einerseits und grundsätzlich Trauernde und müssen andererseits in Ambivalenzen und unterschiedlichen Rollen Entscheidungen treffen, die wiederum Relevanz für das eigene Leben haben. Auf der Folie dieses Spannungsverhältnisses reflektiert der Beitrag die Herausforderung und potenzielle Überforderung der Frage nach Organspende für die Angehörigen.

In ihrem Beitrag *„Mein Herz würde ich niemals hergeben." Ein Überblick über den Forschungsstand zu Befürchtungen und Vorbehalten gegenüber der Organspende in Deutschland* referiert die Theologin Ruth Denkhaus aktuelle Forschungsergebnisse. Auf der Basis empirischer Studien zu Argumenten und Deutungsmustern von Personen, die der Organspende ablehnend oder skeptisch gegenüberstehen, werden die drei zentralen Befundlinien (Misstrauen gegen das Transplantationssystem und seine Akteurinnen und Akteure, Zweifel am Hirntod als Tod des Menschen, Bedenken rund um die Organspende als körperlichen Eingriff) vorgestellt.

Die Ärztin Susanne Hirsmüller und die Psychologin Margit Schröer reflektieren in ihrem Beitrag *Trauer – Wut – Schuld – Angst. Emotionen und Reaktionen im akuten Entscheidungsprozess zur Organspende* emotionspsychologische Erkenntnisse. Eigens beleuchtet werden dabei sowohl Emotionen und Gefühle der Angehörigen von Menschen mit irreversiblem Hirnfunktionsausfall als auch der Teammitglieder, die um eine Organspende bitten. Besonderes Augenmerk gilt dem Umgang mit belastenden Emotionen auf Seiten der Teammitglieder, wobei die Autorinnen ihr Konzept „professioneller Nähe" einspielen.

Teil 3: Interdisziplinäre Perspektivierungen

Elena Link stellt mit ihrem Beitrag *Gelingende Kommunikation über Organspende?! Eine kommunikationswissenschaftliche Kommentierung* ins Zentrum, welche kommunikativen Herausforderungen bestehen und wie Ansatzpunkte einer besseren Unterstützung der informierten Entscheidung über die Bereitschaft zur Organspende aussehen können.

Angesichts der Tatsache, dass der erstmalige Erhalt des Organspendeausweises in die Schulzeit fällt, geht der Beitrag der beiden Religionspädagoginnen Charlotte Koscielny und Monika Fuchs *Kommunikation über Organspende als schulischer Bildungsauftrag?! Grundlagen, Bestandsaufnahme und Perspektiven* der Frage nach, inwiefern in Deutschland die Kommunikation über Organspende als schulischer Bildungsauftrag ausgewiesen wird. Im Anschluss an die schul- und bildungstheoretische sowie ethik-didaktische Grundlegung nimmt ihre Untersuchung eine curriculare Bestandsaufnahme und Analyse der bundesdeutschen Bildungspläne hinsichtlich expliziter Anknüpfungspunkte zur Organspende-Thematik vor und resümiert die sich dadurch eröffnenden Handlungsperspektiven.

Die Medizinethikerin Julia Inthorn stellt in ihrem Beitrag *Gelingende Kommunikation: ethische Reflexion der normativen Grundlagen der Angehörigengespräche über Organspende* grundlegende ethische Argumentationslinien der Debatte um Organtransplantation den Ergebnissen empirischer und empirisch-ethischer Forschung gegenüber. Weiterführend werden die Abwägungen, die Transplantationsbeauftragte bei der Gestaltung des Gesprächs vornehmen müssen, ethisch reflektiert und durch Anregungen aus anderen ethischen Debatten ergänzt.

Literatur

Afifi, W. A., Morgan, S. E., Stephenson, M. T., Morse, C., Harrison, T., Reichert, T. & Long, S.D. (2006). Examining the decision to talk with family about organ donation: Applying the theory of motivated information management, *Communication Monographs, 73*(2), 188–215.

Atkin, C. (1973). Instrumental utility and information seeking. In P. Clarke (Hrsg.), *New models for mass communication research (Sage annual reviews of communication research:* Vol. 2.). (S. 205–242). Beverly Hills: SAGE Publications Inc.

Barmer (2018). Einstellung und Informationsstand Organspende/Organspendeausweis 2018: Quantitative Befragung von Versicherten 2018. https://www.barmer.de/blob/155218/14 5b95c4330a06e341bad50996b6cb30/data/dl-studie.pdf. Zugegriffen: 9. September 2021.

Becker, F., Roberts, K. J., Nadal, M., Zink, M., Stiegler, P., Pemberger, S., Castellana, T. P., Kellner, C., Murphy, N., Kaltenborn, A., Tuffs, A., Amelung, V., Krauth, C., Bayliss, J. & Schrem, H. H. (2020). Optimizing Organ Donation: Expert Opinion from Austria, Germany, Spain and the U.K. In: Ann Transplant., 17, 25. https://doi.org/10.12659/AOT.921727.

Brashers, D.E. (2001). Communication and uncertainty management. *Journal of Communication, 51*(3), 477–497.

Breidenbach, T. & Hesse, A. (2011). Herausforderung und Chance. Das Angehörigengespräch mit der Bitte um eine Organspende. *Bayerisches Ärzteblatt 9.*

Buck, A. & Knelles-Neier, M. (2018). Leib, Leben, Lebendigkeit. Perspektiven aus der Transplantationsmedizin. In M. Bienert & M.E. Fuchs (Hrsg.), *Ästhetik – Körper – Leiblichkeit. Aktuelle Debatten in bildungsbezogener Absicht* (S. 107–116). Stuttgart: Kohlhammer.

Bundesärztekammer (2015). Curriculum „Transplantationsbeauftragter Arzt" (1. Aufl.). Berlin. https://www.bundesaerztekammer.de/fileadmin/user_upload/downloads/pdf-Ordner/Fortbildung/Curr-Transplantationsbeauftragter-Arzt.pdf. Zugegriffen: 8. September 2021.

Bundesärztekammer (2020). Bekanntmachungen. Richtlinie gemäß § 16 Abs. 1 S. 1 Nr. 3 TPG zur ärztlichen Beurteilung nach § 9a Abs. 2 Nr. 1 TPG (RL BÄK Spendererkennung). *Deutsches Ärzteblatt.* https://doi.org/10.3238/arztebl.2020.rili_baek_spendererkennung_2020.

Bundesgesetzblatt (1997). Gesetz über die Spende, Entnahme und Übertragung von Organen und Geweben (Transplantationsgesetz – TPG). Bundesgesetzblatt Jahrgang 1997 Teil I Nr. 74, ausgegeben zu Bonn am 11. November 1997. https://www.bgbl.de/xaver/bgbl/start. xav?start=%2F%2F*%5B%40attr_id%3D%27bgbl197s2631.pdf%27%5D#__bgbl__%2F%2F*%5B%40attr_id%3D%27bgbl197s2631.pdf%27%5D__1656954590798. Zugegriffen: 4. Juli 2022 [zitiert als: TPG, 1997].

Chewning, B., Bylund, C. L., Shah, B., Arora, N. K., Gueguen, J. A. & Makoul, G. (2012). Patient preferences for shared decisions: A systematic review. *Patient Education and Counseling, 86*(1), 9–18. https://doi.org/10.1016/j.pec.2011.02.004.

Costa-Font, J., Rudisill, C. & Salcher-Konrad, M. (2021). ‚Relative Consent' or ‚Presumed Consent'? Organ donation attitudes and behavior. *Eur J Health Econ 22*(1), 5–16. https://doi.org/10.1007/s10198-020-01214-8.

Curtis, R. M. K., Manara, A. R., Madden S., Brown, C., Duncalf, S., Harvey, D., Tridente, A. & Gardiner, D. (2021). Validation of the factors influencing family consent for organ donation in the UK. *Anaesthesia*. https://doi.org/10.1111/anae.15485.

Darnell, W. H., Real, K. & Bernard, A. (2020). Exploring Family Decisions to Refuse Organ Donation at Imminent Death. *Qual Health Res. 30*(4), 572–582. https://doi. org/10.1177/1049732319858614.

de Groot, J., van Hoek, M., Hoedemaekers, C., Hoitsma, A., Smeets, W., Vernooij-Dassen, M. & van Leeuwen, E. (2015). Decision making on organ donation: the dilemmas of relatives of potential brain dead donors. *BMC Med Ethics 2015*. https://doi.org/10.1186/s12910-015-0057-1.

Deutscher Ethikrat (2015). Stellungname: Hirntod und Entscheidung zur Organspende, Berlin 2015. https://www.ethikrat.org/fileadmin/Publikationen/Stellungnahmen/deutsch/stellungnahme-hirntod-und-entscheidung-zur-organspende.pdf. Zugegriffen: 8. September 2021.

Deutsche Interdisziplinäre Vereinigung für Intensiv- und Notfallmedizin (2019). Entscheidungshilfe bei erweitertem intensivmedizinischem Behandlungsbedarf auf dem Weg zur Organspende. 17.04.2019. https://www.divi.de/images/Dokumente/Pressemeldungen/190417-divi-entscheidungshilfe-bei-erweitertem-intensivmedizinischem-behandlungsbedarf-auf-dem-weg-zur-organspende.pdf. Zugegriffen: 30. Juli 2022 [zitiert als: DIVI, 2019].

Fuchs, M. E. (2010). *Bioethische Urteilsbildung im Religionsunterricht. Theoretische Reflexion – Empirische Rekonstruktion*. Göttingen: Vandenhoeck & Ruprecht.

Galarce, E. M., Ramanadhan, S. & Viswanath, K. (2011). Health information seeking. In T. L. Thompson, R. Parrott & J. F. Nussbaum (Hrsg.), *The Routledge Handbook of Health Communication* (2nd ed., Routledge Communication Series) (S. 167–180). New York: Routledge.

Haen, S. & Krimmer, E. (2015). Argumentieren lernen – Religionspädagogik und Medizinethik im Dialog. In R. Englert, H. Kohler-Spiegel, E. Naurath, B. Schröder & F. Schweitzer (Hrsg.), *Ethisches Lernen* (Jahrbuch der Religionspädagogik, Bd. 31) (S. 151–162). Göttingen: Vandenhoeck & Ruprecht.

Hornik, R. & Niederdeppe, J. (2008). Information Scanning. In Donsbach, W. (Hrsg.), *The International Encyclopedia of Communication*. Oxford/UK: Wiley-Blackwell.

Inthorn J., Wöhlke S., Schmidt F. & Schicktanz S. (2014). Impact of gender and professional education on attitudes towards financial incentives for organ donation: results of a survey among 755 students of medicine and economics in Germany. *BMC Med Ethics. 5*(15) 56. https://doi.org/10.1186/1472-6939-15-56.

Johnson, J. D. & Case, D. O. (2012). *Health information seeking*. New York: Lang.

Johnson, J. D. & Meischke, H. (1993), A Comprehensive Model of Cancer-Related Information Seeking Applied to magazines. *Human Communication Research 19*(3), 343–367.

Klinkhammer, G. (2011). Angehörigenbetreuung von Organspendern: Respekt und Fürsorglichkeit. *Dtsch Arztebl 108*(40).

Knobloch-Westerwick, S. (2008). Information seeking. In W. Donsbach (Ed.), *International encyclopedia of communication* (2264–2268). Oxford/UK: Wiley-Blackwell.

Kreps, G. L. (2008). Strategic use of communication to market cancer prevention and control to vulnerable populations. *Health marketing quarterly, 25*(1–2), 204–216.

Kubitza, F. (2010). *Kompetenz in Argumentieren und Erörtern*. Braunschweig: Westermann.

Lambert, S. D. & Loiselle, C. G. (2007). Health information seeking behavior. *Qualitative Health Research, 17*(8), 1006–1019.

Lange, C. & von der Lippe, E. (2011). Organspendebereitschaft in der Bevölkerung. In Robert Koch-Institut (Hrsg.), *Beiträge zur Gesundheitsberichterstattung des Bundes. Daten und Fakten: Ergebnisse der Studie „Gesundheit in Deutschland aktuell 2009"* (S. 35–48). Berlin: Robert Koch-Institut.

Lenhard, H. (2017). Anforderungssituationen. In: Das wissenschaftlich-religionspädagogische Lexikon im Internet www.wirelex.de. https://doi.org/10.23768/wirelex.Anforderungssituationen.100242.

Link, E. (2019). *Vertrauen und die Suche nach Gesundheitsinformationen: Eine empirische Untersuchung des Informationshandelns von Gesunden und Erkrankten.* Wiesbaden: Springer VS.

Ma, J., Zeng, L., Li, T., Tian, X. & Wang, L. (2021). Experiences of Families Following Organ Donation Consent: A Qualitative Systematic Review. *Transplant Proc., 53*(2), 501–512. https://doi.org/10.1016/j.transproceed.2020.09.016.

McEachan, R. R. C., Conner, M., Taylor, N. J. & Lawton, R. J. (2011). Prospective prediction of health-related behaviours with the Theory of Planned Behaviour: a meta-analysis. *Health Psychology Review 5*(2), 97–144.

Miller, C. & Breakwell, R. (2018). What factors influence a family's decision to agree to organ donation? A critical literature review. *London journal of primary care 10*(4), 103–107.

Neier, J. (2020). Hirntod. *Loccumer Pelikan, 2/2020*, 28–29. https://www.rpi-loccum.de/damfiles/default/rpi_loccum/Materialpool/Pelikan/Pelikanhefte/pelikan2_20.pdf-1a bf40787335d4300891430ea0bd5f31.pdf. Zugegriffen: 9. Februar 2022.

Neier, J. & Schwich, L. (2018). Menschenbilder, Körperbilder, Selbstbilder – Zugänge und begriffliche Annäherungen. In M. Bienert & M. Fuchs (Hrsg.), *Ästhetik – Körper – Leiblichkeit. Aktuelle Debatten in bildungsbezogener Absicht* (S. 35–49), Stuttgart: Kohlhammer.

Park, H. S. & Smith, S. W. (2007). Distinctiveness and Influence of Subjective Norms, Personal Descriptive and Injunctive Norms, and Societal Descriptive and Injunctive Norms on Behavioral Intent: A Case of Two Behaviors Critical to Organ Donation. *Human Communication Research, 33*(2), 194–218.

Pfaller L., Hansen, S. L., Adloff, F. & Schicktanz, S. (2018). ‚Saying no to organ donation': an empirical typology of reluctance and rejection. *Sociology of Health & Illness,40*(8). https://doi.org/10.1111/1467-9566.12775.

Rey, J. W., Komm, N. & Kaiser, G. M. (2012). Inhouse-Koordination zur Förderung der Organspende: Erfahrungsbericht aus drei Kliniken der Maximalversorgung. *Dtsch Med Wochenschr., 137*(38), 1847–1852. https://doi.org/10.1055/s-0032-1305313.

Rummer, A. & Scheibler, F. (2016). Patientenrechte. Informierte Entscheidung als patientenrelevanter Endpunkt. *Deutsches Ärzteblatt, 113*(8), 322–324.

Sinner, B., Schweiger, S. (2021). Rolle des Transplantationsbeauftragten. *Anaesthesist 70*, 911–921. https://doi.org/10.1007/s00101-021-01023-5.

Tackmann, E. & Dettmer, S. (2018). Akzeptanz der postmortalen Organspende in Deutschland: Repräsentative Querschnittsstudie. *Anaesthesist, 67*(2), 118–125. https://doi.org/10.1007/s00101-017-0391-4.

Tackmann, E. & Dettmer, S. (2019). Measures influencing post-mortem organ donation rates in Germany, the Netherlands, Spain and the UK: A systematic review. *Anaesthesist, 68*(6), 377–383. https://doi.org/10.1007/s00101-019-0600-4.

Ulrich-Riedhammer, E. M. (2017). *Ethisches Urteilen im Geographieunterricht. Theoretische Reflexionen und empirisch-rekonstruktive Unterrichtsbetrachtung zum Thema „Globalisierung".* Münster: Münsterscher Verlag für Wissenschaft.

Wöhlke S., Inthorn J. & Schicktanz S. (2015). The Role of Body Concepts for Donation Willingness. Insights from a Survey with German Medical and Economics Students. In R. Jox, G. Assadi & G. Marckmann (Hrsg.) *Organ Transplantation in Times of Donor Shortage – Challenges and Solutions* (S. 27–49). Berlin: Springer.

Yang, Z. J, Aloe, A. M. & Feeley, T. H. (2014). Risk Information Seeking and Processing Model. A Meta-Analysis. *Journal of Communication 64*(1), 20–41.

Zimmering, R. & Caille-Brillet, A.-L. (2021). Bericht zur Repräsentativstudie 2020 „Wissen, Einstellung und Verhalten der Allgemeinbevölkerung zur Organ- und Gewebespende". In BZgA (Hrsg.), *BZgA – Forschungsbericht.* Köln. https://www.organspende-info.de/fileadmin/Organspende/05_Mediathek/04_Studien/Bericht_Repraesentativbefragung_Organspende_2020.pdf. Zugegriffen: 2. August 2022.

Dr. disc. pol. Monika E. Fuchs ist Professorin für Ev. Theologie mit Schwerpunkt Religionspädagogik am Institut für Theologie der Leibniz Universität Hannover.

Dr. phil. Julia Inthorn ist Philosophin und Medizinethikerin. Sie ist die Direktorin des Zentrums für Gesundheitsethik in Hannover.

Charlotte Koscielny, M.Ed., ist wissenschaftliche Mitarbeiterin am Institut für Theologie der Leibniz Universität Hannover im Fachbereich Religionspädagogik.

Dr. phil. Elena Link ist wissenschaftliche Mitarbeiterin am Institut für Journalistik und Kommunikationsforschung (IJK) der Hochschule für Musik, Theater und Medien Hannover.

Dr. med. Frank Logemann ist Anästhesiologe, Intensivmediziner und Transplantationsbeauftragter an der Medizinischen Hochschule Hannover. Er lehrt und forscht in diesen Bereichen und ist Leiter des Netzwerks der Transplantationsbeauftragten Region NORD e.V.

Organspende als Gegenstand massenmedialer und interpersonaler Kommunikation

Elena Link und Mona Wehming

Zusammenfassung

Die mangelnde Erfahrung der Bevölkerung mit der Organspende und die Relevanz informierter Entscheidungen über die eigene Bereitschaft zur Spende verleiht der massenmedialen und interpersonalen Kommunikation über dieses Thema eine besondere Bedeutung. Vor diesem Hintergrund verfolgt der vorliegende Beitrag zwei Zielsetzungen: Er zeigt mit Fokus auf die Rezipierenden auf, inwiefern, warum und wie sich Menschen über die Organspende informieren und austauschen. Mit Fokus auf die Organspende als Medieninhalt und Gegenstand strategischer Kommunikation bietet der Beitrag zudem einen Überblick zu den Inhalten und Darstellungsformen der öffentlichen Thematisierung.

Schlüsselwörter

Informations- und Kommunikationshandeln · Strategische Kommunikation Framing · Entertainment-Education · Medienberichterstattung · interpersonale Kommunikation · Nachrichtenfaktoren

E. Link (✉) · M. Wehming
Institut für Journalistik und Kommunikationsforschung, Hochschule für Musik, Theater und Medien Hannover, Hannover, Deutschland
e-mail: Elena.Link@ijk.hmtm-hannover.de

17

1 Einleitung

Aktuelle Ergebnisse der Stiftung Eurotransplant (2020) zeigen, dass der Bedarf die Bereitschaft und das Angebot an Spenderorganen in Deutschland weit übersteigt. Das Ungleichgewicht ist dabei nicht nur auf strukturelle Probleme im Organspendesystem, sondern auch auf die Einstellung und die Bereitschaft zur Organspende innerhalb der Bevölkerung zurückzuführen (Ahlert und Schwettmann 2011; Ahlert und Sträter 2020; Köhler und Sträter 2020). Für die Einstellungs- und Meinungsbildung und letztlich die informierte Entscheidung und potenzielle Bereitschaft zur Spende sind wiederum der Wissensstand und die Bereitschaft der Bevölkerung, sich selbst mit dem Thema auseinanderzusetzen, von zentraler Bedeutung (Lange und von der Lippe 2011). Wie groß der Informationsbedarf in der deutschen Bevölkerung ausfällt, zeigen aktuelle Studien. Laut Caille-Brillet und Kollegen (2019) geben 48 Prozent der deutschen Bevölkerung an, sich lediglich mittelmäßig bis schlecht über das Thema Organ- und Gewebespende informiert zu fühlen – was sich auch in ihrem objektiven Wissensstand widerspiegelt. Auch wenn rund vier Fünftel der Befragten einer Organ- und Gewebespende positiv gegenüberstehen (Caille-Brillet et al. 2019), haben nur 36 Prozent der Befragten ihre Entscheidung im Rahmen eines Organspendeausweises festgehalten und nur 18 Prozent ihre Entscheidung einer weiteren Person mitgeteilt (Caille-Brillet et al. 2019).

Mit dem Ziel einer tiefergehenden Einordnung dieser Erkenntnisse soll der vorliegende Beitrag die Organspende als Gegenstand der massenmedialen und interpersonalen Kommunikation thematisieren und damit Einblicke liefern, wie Bürger und Bürgerinnen in ihrem Alltag mit Informationen über das Thema Organspende in Berührung kommen, sich darüber informieren und mit Mitmenschen kommunizieren. Es wird hierfür eine kommunikationswissenschaftliche Perspektive gewählt, die aus der Perspektive der Mediennutzungsforschung zunächst die Rezipierenden in den Fokus rückt und beschreibt, wie und warum diese sich informieren und mit Mitmenschen austauschen (siehe Kap. 2). Im dritten Kapitel wird unter Bezugnahme auf die Medieninhaltsforschung die Anbieterperspektive und damit v.a. die Rolle der (Massen-)Medien genauer beleuchtet. Es werden Einblicke geboten, wie in den Medien über Organspende berichtet wird, welche Aspekte in Fernsehsendungen aufgegriffen werden und über welche weiteren Kommunikationskanäle Informationen über Organspende mit und ohne Persuasionsabsicht bereitgestellt werden.

2 Die Rezipierenden-Perspektive im Fokus

Bürgerinnen und Bürger sind zunehmend gefordert, eine aktive Rolle in ihrer Gesundheitsversorgung einzunehmen, Verantwortung für den eigenen Gesundheitserhalt zu tragen und informiert gesundheitsbezogene Entscheidungen zu treffen (Chewning et al. 2012; Rummer und Scheibler 2016). Die Organspende ist eine dieser kritischen gesundheitsbezogenen Entscheidungen, bei der die Bürgerinnen und Bürger für sich beschließen, ob sie selbst Organspender oder Organspenderin sein wollen und diese Entscheidung in Form des Organspendeausweises festhalten können. Zudem sind Bürger und Bürgerinnen teilweise gefordert, stellvertretend für ihre Angehörigen eine solche Entscheidung zu treffen. Sowohl die Einstellungsbildung als auch Entscheidungsfindung zur Organspende für sich selbst oder in stellvertretender Funktion sollten dabei auf fundierten Informationen und Kenntnissen über die Organspende und Transplantationsmedizin sowie auf der Meinung und den Wünschen des Angehörigen bezüglich der Spende beruhen (Afifi et al. 2006). Mit dem Ziel, die kommunikativen Muster von Interessierten und Angehörigen aufzuzeigen und besser zu verstehen, kommen Forschungsergebnissen zur Informationssuche (siehe Abschn. 2.1) und zur familiären Kommunikation über Organspende (siehe Abschn. 2.2) eine bedeutende Rolle zu, die einer informierten Entscheidung des/der Einzelnen über die Organspende vorausgehen. Diese sollen im Folgenden überblicksartig dargestellt werden.

2.1 Das Informations- und Kommunikationshandeln zum Thema Organspende

Das Informations- und Kommunikationshandeln ist eine zentrale Voraussetzung für die Befähigung des/der Einzelnen, sich aktiv an der eigenen Gesundheitsversorgung zu beteiligen (Johnson und Case 2012). Die Auseinandersetzung mit Informationen kann dabei sowohl interessengeleitet als auch problemorientiert sein, um Ziele wie Wissensgewinn, die Reduktion von Ängsten oder Unsicherheiten oder das Treffen von Entscheidungen zu erreichen (Zimmerman und Shaw 2020). Vor allem, wenn sich ein Individuum mit persönlichen und medizinischen Unsicherheiten konfrontiert sieht, wie es bei akuten Entscheidungsbedarfen häufig der Fall ist, erhält das Informations- und Kommunikationshandeln eine hohe Bedeutung. Es kann dazu beitragen, die Situation zu bewältigen, soziale Unterstützung und Anteilnahme zu erfahren und Hilfestellungen zu erhalten (Brashers 2001; Brashers et al. 2000; Johnson und Case 2012; Kreps 2008).

Das Informations- und Kommunikationshandeln umfasst dabei unter anderem die kognitiven und kommunikativen Aktivitäten des Suchens sowie der Aufnahmebereitschaft von Informationen („Information Scanning") über ein bestimmtes Thema (Case 2007; Link 2019). Auf den Gegenstand dieses Artikels übertragen versteht man unter Information Scanning den Erwerb von Informationen oder die Offenheit für potenziell relevante Informationen über die Organspende durch den routinemäßigen Kontakt mit Informationsquellen (Hornik und Niederdeppe 2008). Im Gegensatz dazu ist die Informationssuche ein zielgerichteter Erwerb von Informationen (Johnson und Meischke 1993) und kann als komplexer, oft mehrstufiger Prozess verstanden werden. Die Prozesskette umfasst laut Galarce und Kollegen (2011) innere oder äußere Reize oder Auslöser, die ein Informationsbedürfnis hervorrufen und darüber entscheiden, ob es zur aktiven Informationssuche oder sogar zur Vermeidung von Informationen zu einem Thema kommt. Weitere Prozessschritte sind die Auswahl konkreter Quellen und spezifischer Inhalte sowie die Aneignung dieser Informationen beispielsweise in Form der Entscheidungsfindung und des Ausfüllens eines Organspendeausweises.

Wie die einzelnen Komponenten des Prozesses zusammenwirken, hängt von einer Vielzahl von persönlichen und situativen Faktoren ab (Lambert und Loiselle 2007; Johnson und Case 2012; Wang et al. 2021). Mit Blick auf das Thema Organspende ist die Forschung, die sich mit der Informationssuche und dem Scannen von Informationen über die Organspende in Deutschland befasst, begrenzt. Der Forschungsstand verbleibt meist auf deskriptiver Ebene. So liegt der Schwerpunkt der Forschung bisher darauf, welche Quellen von verschiedenen soziodemografischen Gruppen genutzt werden (z. B. Lange und von der Lippe 2011). Aufgrund der großen Auswahl an Quellen wenden sich Personen am häufigsten dem Internet zu oder informieren sich über Zeitungen, Fernsehsendungen sowie durch den Austausch mit Familie und Freunden oder Freundinnen über Organspende (Lange und von der Lippe 2011). Frauen informieren sich dabei tendenziell häufiger und legen auch mehr Wert auf den interpersonalen Austausch mit dem sozialen Umfeld (Lange und von der Lippe 2011).

Eine theoretisch fundierte Untersuchung der Prädiktoren für die Informationssuche und das Scannen von Informationen zur Organspende fehlt jedoch bislang. Auf der Grundlage theoretischer Modelle, wie beispielsweise dem Planned Risk Information Seeking Model (Kahlor 2010), das als integratives, umfassendes Modell gilt und mit einem allgemeinen Gesundheitsbezug entwickelt wurde, kann davon ausgegangen werden, dass die Intention zur aktiven Informationssuche steigt, wenn von einem Bürger oder einer Bürgerin ein Wissensdefizit wahrgenommen wird. Es ist somit erforderlich, dass in irgendeiner Form ein Berührungspunkt mit dem Thema besteht. Ebenso ist die eigene Betroffenheit in Form der Risikowahrnehmung und eine affektive Risikoreaktion auf die Organspende ein Treiber der eigenen Auseinandersetzung mit der Thematik. Darüber hinaus wird die Intention, sich zu informieren und sich mit dem Thema zu beschäftigen auch von den Einstellungen zur Informationssuche, suchbezogenen subjektiven Normen und der Wahrnehmung von Fähigkeiten, sich selbst zu informieren, beeinflusst (Griffin et al. 1999; Kahlor 2010; Wang et al. 2021). Das Gefühl, selbst nicht betroffen zu sein, das mit der fehlenden eigenen Erfahrung einhergehen kann, ebenso wie ein als gering empfundener sozialer Druck, sich mit dem Thema Organspende auseinanderzusetzen und letztlich gering ausgeprägte Kompetenzen zur Suche und zum Umgang mit dem potenziell belastenden Thema können umgekehrt dazu führen, dass einige Bevölkerungsgruppen nicht ausreichend von den verfügbaren Informationsressourcen profitieren (Link et al. 2021). Dabei ist davon auszugehen, dass eine geringe Bereitschaft und Befähigung zur eigenen Auseinandersetzung mit Informationen weitreichende Konsequenzen für den Wissensstand und letztlich die informierte Entscheidung besitzen. Die Faktoren können somit dazu beitragen, dass die Einstellung zur Organspende prinzipiell positiv ist, aber kein direkter Handlungsbedarf gesehen wird.

2.2　Die spezifische Rolle des interpersonalen Austauschs

Neben der allgemeinen Recherche ist die interpersonale Kommunikation im Kontext der Organspende zentral, da das soziale Umfeld (z. B. der Partner oder die Partnerin, Familienangehörige, Freunde und Freundinnen) eine wichtige Rolle für die Meinungsbildung und informierte Entscheidungsfindung des/der Einzelnen spielt. Familienangehörige können dabei als Informationsquelle ihres Umfeldes fungieren (Lange und von der Lippe 2011), Informationen innerhalb ihres Netzwerkes weitergeben und diese gemeinsam diskutieren, bewerten und einordnen (Kim et al. 2011). Die Bedeutung dieses Austauschs zeigen Studien, die darlegen, dass Personen, die mit ihrer Familie über Organspende sprechen, positiver gegenüber der Spende eingestellt sind, mehr Interesse an dem Austausch über das Thema haben und sich auch mit einer höheren Wahrscheinlichkeit für eine Spende entscheiden (Afifi et al. 2006; Jeffres et al. 2008). Zudem können nahe Angehörige oder enge Freunde und Freundinnen auch die Rolle stellvertretender Entscheidungsträger übernehmen, wenn Verstorbene ihre Bereitschaft zur Organspende nicht schriftlich festgehalten haben. Wurde sich zu Lebzeiten über die Einstellungen und Wünsche des Verstorbenen ausgetauscht, ist dieses Wissen ein bekannter

Faktor der familiären Entscheidung (Miller und Breakwell 2018). Entsprechend gilt es, den familiären Austausch zu fördern, weil das Thema bisher zu selten Gegenstand der interpersonalen Kommunikation ist und die eigene Einstellung zur und Entscheidung für oder gegen die Organspende den Angehörigen nicht kommuniziert wird (Morgan 2004; Afifi et al. 2006). Um Hindernisse wie die Angst, sich rechtfertigen oder gegen Widerstände behaupten zu müssen, reduzieren zu können, wird die Förderung dieses Austauschs zu einer strategischen Zielsetzung (Afifi et al. 2006; Morgan und Miller 2002).

Obwohl bekannt ist, dass Familie, Freunde und Freundinnen wichtige Ansprechpartner für Gesundheitsthemen sind, gibt es bisher nur wenig Forschung in Deutschland, die sich auf die Prädiktoren zwischenmenschlicher Gespräche über Gesundheitsthemen bezieht (Reifegerste 2019). Erste Hinweise zur familiären Kommunikation über die Organspende liefern US-amerikanische Studien, die zeigen, dass sie durch Unsicherheitswahrnehmungen und affektive Reaktionen geprägt ist (Afifi et al. 2006). Zudem spielen Ergebniserwartungen über positive und negative Ergebnisse des Austauschs und Annahmen über den Wissensstand, die Meinung und Einstellungen des Gegenübers eine Rolle. Eigene Wirksamkeitswahrnehmungen darüber, ob man in der Lage ist, offen zu kommunizieren sowie mit entsprechenden Ergebnissen des Austauschs umzugehen, prägen ebenfalls die Bereitschaft, das Thema zur Sprache zu bringen (z. B. Afifi et al. 2006; Miller und Breakwell 2018; Park und Smith 2007). Die affektive Aufladung und Tabuisierung des Themas kann dabei zu einer Barriere werden (Meyer 2017), die sich sowohl in den Erwartungen an das Gespräch als auch in der eigenen Wirksamkeitserwartung niederschlägt. Gerade innerhalb der Familie gilt es somit, diese Hindernisse zu überwinden (Afifi et al. 2006). Darüber hinaus legen US-amerikanische Befunde nahe, dass wahrgenommene normative Einflüsse des sozialen Umfelds einen starken Einfluss auf Gesundheitsverhalten wie die Bereitschaft zur Organspende haben (McEachan et al. 2011; Park und Smith 2007; Yang et al. 2014). Der normative Einfluss bestimmt nicht nur die Bereitschaft einer Person, einen Organspendeausweis zu unterschreiben, sondern beeinflusst auch, ob eine Person bereit ist, in der Familie ein Gespräch über Organspende zu führen (Park und Smith 2007).

3   Die Organspende als Medieninhalt und Gegenstand strategischer Kommunikation

Während das zweite Kapitel fokussiert, warum sich Personen über das Thema Organspende informieren und was ihren Austausch im sozialen Umfeld prägt, richtet das dritte Kapitel den Blick auf die Inhalte, auf die der/die Einzelne im Zuge des

Informations- und Kommunikationshandelns stößt. Besser zu verstehen, wie die Organspende medial dargestellt wird, erscheint zentral, da öffentlicher Kommunikation das Potenzial zugeschrieben wird, die Einstellung von Rezipierenden zur Organspende zu verändern und zu einer informierten Entscheidung beizutragen. Dies ist besonders dann von Bedeutung, wenn eigene Erfahrungen mit dem Thema fehlen (Meyer und Rossmann 2015; Morgan et al. 2010). Im Folgenden soll darauf eingegangen werden, dass die Massenmedien ebenso wie die sozialen Medien einerseits als Informationsquelle fungieren und andererseits Kommunikationskanäle strategischer Kommunikation beispielsweise in Form von Gesundheitskampagnen oder des Entertainment-Education Ansatzes darstellen (Lubjuhn und Bouman 2019).

3.1 Die veröffentlichte Meinung über Organspende

Betrachtet man zunächst die massenmediale Darstellung, zeigt sich, dass bisher wenig Studien einen systematischen Überblick über die veröffentlichte Meinung zur Organspende in Deutschland bieten. Aspekte der Organspende, die im internationalen Kontext am häufigsten thematisiert werden, sind die Gesundheit und das Wohlbefinden von Patienten und Patientinnen nach der Transplantation, Informationen bezüglich des Mangels an Organspendern und Organspenderinnen, Spenden von Lebenden und Informationen über den Transplantationsprozess (Feeley und Vincent 2007). Die überwiegende Mehrheit der untersuchten Artikel und Beiträge in US-amerikanischen Zeitungen und dem US-amerikanischen Fernsehen weist eine positive Valenz auf (Feeley et al. 2016; Feeley und Vincent 2007; Quick et al. 2009). Gleiches ist bei der Analyse von internationalen Videos auf der Online-Plattform YouTube festzuhalten, in denen eine überwiegende Mehrheit von 95,8 % der analysierten Videos das Thema Organspende positiv darstellt (Tian 2010). Dennoch erhält der Anteil der negativen Berichte mehr Aufmerksamkeit, indem sie beispielsweise häufiger auf der Titelseite platziert werden oder die auflagenstärkeren Zeitungen eher zu einer negativen Berichterstattung tendieren (Feeley et al. 2016).

Neben der Wertung gilt es, auch den inhaltlichen Deutungsrahmen der Berichterstattung, der auch als Medien-Frame (Entman 1993) bezeichnet wird, zu berücksichtigen. Ein Deutungsrahmen, der den Rezipierenden zur Orientierung und Einordnung dient, entsteht, indem bestimmte Ausschnitte der Wirklichkeit mit Blick auf ein Problem, dessen Ursachen, Bewertung und Lösung ausgewählt und in einer bestimmten Art und Weise beleuchtet werden (Eilders et al. 2004; Scheufele 2003). Erste Analysen der vorherrschenden Frames der deutschen Berichterstattung von

Meyer und Rossmann (2015), die sich konkret mit der Darstellung in der Süddeutschen Zeitung und Bild Zeitung befassen, konnten insgesamt neun verschiedene Frames identifizieren.

Zu den negativen Medien-Frames zählt die Darstellung des *Mangels an Spenderorganen*. Er unterstreicht die Dringlichkeit des Problems, beschreibt das Leiden der Patienten und Patientinnen, wobei als Lösung sowohl eine Änderung des Transplantationsgesetzes gefordert als auch an die individuelle Verantwortung der Bürger und Bürgerinnen appelliert wird (Meyer und Rossmann 2015). Der Frame *Systemfehler* bezieht sich auf den sogenannten Organspende-Skandal 2012 und thematisiert dessen Ursachen, aber auch das wachsende Misstrauen in das System. Im Zentrum des Frames *kriminelle Einzelfälle* werden der Organhandel thematisiert und die Rolle der Gier als Ursache beschrieben (Meyer und Rossmann 2015). Artikel, die dem Frame *Konsequenz* zugeordnet werden, betonen vor allem resultierende Konsequenzen wie etwa abnehmendes Vertrauen durch Manipulationsfälle und schwindende Hoffnung durch lange Wartelisten (Meyer und Rossmann 2015). Der Frame *Angst* ist vielfältig und thematisiert unterschiedliche Bedenken und Sorgen der Rezipierenden. Zu den Sorgen zählen beispielsweise der Umgang mit und die medizinische Versorgung von potenziellen Spendern und Spenderinnen ebenso wie die Manipulation bei der Organvergabe. Dieser Frame wird von Meyer und Rossmann (2015) als ambivalent bewertet, da innerhalb der Artikel meist Fragen aufgeworfen und Sorgen salient, aber nicht beantwortet oder entkräftet werden. Potenziellen Ängsten innerhalb der Bevölkerung wird somit nicht entgegengewirkt. Weder positiv noch negativ ist der Frame *Reform*, der die Novellierung des Transplantationsgesetzes, Informationskampagnen der Krankenkassen und die generelle Reform der Organspende in Deutschland in den Fokus rückt.

Als positiv konnotierte Frames führen Meyer und Rossmann (2015) die Frames des *Erfolgs*, des *Altruismus* und des *Appells* an. Im Kontext des *Erfolg-Frames* werden medizinische Fortschritte und geglückte Transplantationen thematisiert. Der Frame des *Altruismus* wird dadurch geprägt, dass die Organspende „als ultimativer Akt der (Nächsten-)Liebe" (Meyer und Rossmann 2015) beschrieben wird und meist Fallbeispiele von Spendenden zur Darstellung der Opferbereitschaft dienen. Der positive Frame des *Appells* beinhaltet den impliziten oder expliziten Aufruf zur Organspende und stellt diese als gesellschaftlich erwünschtes Verhalten bis hin zur Bürgerpflicht dar.

Ähnliche Frames, die sowohl Skandale und Missstände sowie Ängste beleuchten als auch persönliche Erfahrungen betonen und die Nächstenliebe der Spender und Spenderinnen herausstellen, finden sich auch in weiteren internationalen Studien (siehe beispielsweise Tian 2010; VanderKnyff et al. 2015). Ähnliche Muster finden sich zudem in fiktionalen Angeboten. So werden in unterhaltenden Angeboten auch Themen wie Korruption und Organhandel aufgegriffen, und der Umgang mit Spendern und Spenderinnen wird kritisch beleuchtet. Meyer (2017) kommt dabei mit Blick auf fiktionale Inhalte zu dem Ergebnis, dass diese Angebote „unwahrscheinliche oder sogar unmögliche Horrorszenarien plausibel erscheinen lassen sowie Bedenken und Missverständnisse bestärken" (S. 175; siehe auch Morgan et al. 2007). Im Gegensatz dazu wird auch ein sehr positives Bild spendender Personen gezeichnet und jeweils die Rolle des Empfängers bzw. der Empfängerin betont.

3.2 Organspende als Gegenstand strategischer Kommunikation

Die strategische Kommunikation zur Organspende findet in Deutschland vor allem in Form von Gesundheitskampagnen statt, die durch die Bundeszentrale für gesundheitliche Aufklärung, aber zunehmend auch weitere gemeinnützige Organisationen initiiert und verantwortet werden. Das Hauptmerkmal der strategischen Kommunikation ist die zugrundeliegende Persuasionsabsicht beispielsweise in Form der Sensibilisierung, Aufklärung und Unterstützung der individuellen Entscheidungsfindung, ob jemand Organspender oder Organspenderin werden möchte. Um Bürger und Bürgerinnen bzw. eine bestimmte Personengruppe gezielt und nachhaltig zu erreichen und das persuasive Potenzial entsprechender Kommunikationsstrategien zu entfalten, müssen die vermittelten Informationen und gewählten Kommunikationskanäle an die spezifischen Bedürfnisse, die Einstellungen, das Wissen und weitere Prädispositionen der jeweiligen Zielgruppe, des Themas, der Situation und des gewünschten Ergebnisses angepasst werden (Wagner und Hastall 2019; Weber et al. 2006).

Dabei gibt es eine Vielzahl verschiedener Kommunikationsstrategien, die von dem Einsatz von Testimonials auf Plakatwänden oder in Werbespots bis hin zu spezifischen Darstellungsformen reichen, wie dem Einsatz von Statistiken im Vergleich zu einzelnen Fallbeispielen oder dem Gain- oder Loss-Framing, das den Fokus auf die Vorteile der Spendenbereitschaft oder die Nachteile des Unterlassens eines entsprechenden Verhaltens legen (siehe hierzu Chien 2014; Feeley und Moon 2009; Feeley et al. 2006; Green et al. 2020; Kopfman et al. 1998). Zudem werden auch Narrationen als Mittel der Persuasion eingesetzt (Sukalla et al. 2015; Morgan et al. 2009). Ein Beispiel hierfür ist der Entertainment-Education Ansatz (Lubjuhn und Bouman 2019). Diesem liegt die Annahme zugrunde, dass durch unterhaltende, emotional-ansprechende Formate bewusst das Wissen, die Einstellungen und das Verhalten von Mediennutzern und Mediennutzerinnen beeinflusst werden kann. In neu entwickelten Formaten oder bestehenden Serien wie Grey's Anatomy oder Gute Zeiten, schlechte Zeiten werden beispielsweise bewusst bestimmte Botschaften über die Organspende oder andere Themen eingebunden, um den Wissensstand der Zuschauer und Zuschauerinnen zu erhöhen oder zur Einstellungsbildung beizutragen. Der Ansatz bietet das Potenzial, dass nicht nur eine besonders große Personengruppe erreicht wird, sondern durch das Unterhaltungsempfinden entsprechend gewünschte Effekte wahrscheinlicher werden. So zeigen Zuschauer und Zuschauerinnen von unterhaltenden Fernsehserien mit entsprechenden Botschaften eine höhere Spendenbereitschaft, sobald sie emotional in eine Erzählung eingebunden waren (Morgan et al. 2009). Zudem kann durch Narrationen die Reaktanz reduziert und ambivalente Haltungen können vermindert werden (Sukalla et al. 2015). Kritisch muss mit Blick auf den Entertainment-Education Ansatz allerdings angemerkt werden, dass der Zuschauer bzw. die Zuschauerin sich über diese Persuasionsabsicht nicht im Klaren ist und der zugrundliegende Wirkungsmechanismus auch nicht intendierte Wirkungen hervorrufen kann.

Für die strategische Kommunikation ebenso wie den Austausch unter Laien spielen zunehmend auch die sozialen Medien eine Rolle (D'Alessandro et al. 2012b; Tian 2010). Soziale Netzwerke dienen nicht nur als Plattform für die Verbreitung von Gesundheitsbotschaften durch professionelle Kommunikatoren, wodurch große oder auch spezifische Publikumssegmente erreicht werden können – auch Einzelpersonen können sich hier auf Augenhöhe über bestimmte Thematiken austauschen (Lindacher und Loss 2019). Einerseits finden die Plattformen somit ihre Relevanz darin, dass sich Bürger und Bürgerinnen eigenständig über Gesundheitsthemen informieren (Link 2019) – andererseits wird es Individuen sowie Gesundheitsorganisationen oder Vereinen ermöglicht, ihre Erfahrungen und Informationsmaterialien mit anderen auf unterschiedliche Art und Weise zu teilen, sei es durch Statusposts, Empfehlungen, Likes, das Teilen von Hyperlinks oder durch den bilateralen Austausch (Stefanone et al. 2012). Im Kontext der Organspende berichten innerhalb der sozialen Netzwerke auch Patienten und Patientinnen von ihren Erfahrungen mit der Transplantation und schaffen auf diese Weise Aufmerksamkeit für die Thematik und ein besseres Verständnis der Prozesse. Es findet dabei nicht nur Informationsaustausch statt, sondern es wird auch soziale Unterstützung beispielsweise in Form der emotionalen Anteilnahme ausgetauscht. Dieser Austausch kann Anschlusskommunikation innerhalb des eigenen sozialen Umfeldes initiieren und letztlich zur Spendenbereitschaft motivieren (D'Alessandro et al. 2012a). Eine systematische Erfassung der Inhalte zur Organspende in den sozialen Medien gibt es in Deutschland bisher nicht, obwohl sie mittlerweile einen festen Platz im Medienrepertoire besitzen und dadurch auch einen Kanal zur Kommunikation über Organspende darstellen (Stefanone et al. 2012). So zeigen aktuelle Ergebnisse der ARD/ZDF-Onlinestudien, dass soziale Medien wie Facebook oder Instagram schon seit Langem zum medialen Alltag der deutschen Gesellschaft gehören. Derzeit werden sie von über einem Drittel der deutschen Bevölkerung wöchentlich genutzt (Beisch und Schäfer 2020). Durch die hohen Nutzungszahlen bietet die Online-Umgebung für Kampagnen eine hohe Reichweite. Zusätzlich können so vor allem junge Nutzer und Nutzerinnen angesprochen werden (Stefanone et al. 2012).

4   Fazit

Der vorliegende Beitrag bietet einen Überblick, wie und wo über die Organspende berichtet und kommuniziert wird. Er liefert sowohl Einblicke in das Informations- und Kommunikationshandeln von Bürgern und Bürgerinnen als auch in die Darstellung der Organspende innerhalb der Massenmedien und sozialen Medien. Über alle Bereiche der massenmedialen und interpersonalen Kommunikation hinweg fokussiert der Beitrag jeweils die Forschungslücken, die vor allem für Deutschland vorherrschen.

Während Organspende als Herausforderung strategischer Kommunikation relativ gut erforscht ist (Meyer 2017), ist deutlich weniger darüber bekannt, was Rezipierende dazu bewegt, sich mit ihrem sozialen Umfeld über die Organspende auszutauschen, sich gezielt Wissen über das Thema anzueignen oder zumindest Inhalten Aufmerksamkeit zu schenken, auf die sie eher zufällig stoßen. Ebenso fehlt es an einem aktuellen Überblick und einer systematischen Erfassung der Thematisierung der Organspende in Massenmedien sowie den sozialen Medien. Vor allem nach dem sogenannten Organspende-Skandal und der anschließenden Überarbeitung des Transplantationsgesetzes sind aktuelle Einblicke bedeutsam, da bei fehlender Erfahrung und dem Gefühl, selbst nicht unmittelbar betroffen zu sein, die alltägliche Darstellung der Organspende meinungsbildend wirken und bestimmte Vorstellungen in der deutschen Bevölkerung prägen kann. Dabei zählt vor allem die langfristige Wirkung von Medien-Frames auf das Publikum als bisher wenig erforschtes Gebiet (Meyer 2017). Zudem ist die Kenntnis häufig thematisierter Ängste und potenzieller Mythen zentral. Sie sind als potenzielle Hürden einer informierten Entscheidung anzusehen und können durch strategische Kommunikation adressiert werden. Weitere Forschung zum Informations- und Kommunikationshandeln kann zudem dabei helfen, besonders vulnerable Personengruppen zu identifizieren und Informationsdefizite, Fehlwahrnehmungen sowie deren Ursachen aufzudecken. Dazu kann zählen, dass die Selbstwirksamkeit zur offenen Kommunikation gestärkt und mehr Kommunikationsanlässe und Berührungspunkte mit der Organspende, ihren Entscheidungsbedarfen und Abläufen geschaffen werden.

Literatur

Afifi, W. A., Morgan, S. E., Stephenson, M. T., Morse, C., Harrison, T., Reichert, T. & Long, S. D. (2006). Examining the Decision to Talk with Family About Organ Donation: Applying the Theory of Motivated Information Management. *Communication Monographs, 73*(2), 188–215. https://doi.org/10.1080/03637750600690700.

Ahlert, M. & Sträter, K. F. (2020). Einstellungen zur Organspende in Deutschland – Qualitative Analysen zur Ergänzung quantitativer Evidenz. *Zeitschrift für Evidenz, Fortbildung und Qualität im Gesundheitswesen*, 153–154, 1–9. https://doi.org/10.1016/j.zefq.2020.05.008.

Ahlert, M. & Schwettmann, L. (2011). Einstellung der Bevölkerung zur Organspende. In J. Böcken, B. Braun & U. Repschläger (Hrsg.). *Gesundheitsmonitor 2011. Bürgerorientierung im Gesundheitswesen* (S. 193–213). Verlag Bertelsmann Stiftung.

Beisch, C. & Schäfer, C. (2020). Ergebnisse der ARD/ZDF-Onlinestudie 2020. Internetnutzung mit großer Dynamik: Medien, Kommunikation, Social Media. *Media Perspektiven*, 9, 462–481.

Brashers, D. E. (2001). Communication and Uncertainty Management. *Journal of Communication, 51*(3), 477–497. https://doi.org/10.1111/j.1460-2466.2001.tb02892.x.

Brashers, D. E., Neidig, J. L., Haas, S. M., Dobbs, L. K., Cardillo, L. W. & Russell, J. A. (2000). Communication in the management of uncertainty: The case of persons living with HIV or AIDS. *Communication Monographs, 67*(1), 63–84. https://doi.org/10.1080/03637750009376495.

Caille-Brillet, A.-L., Zimmering, R. & Thaiss, H. M. (2019). *Bericht zur Repräsentativstudie 2018 „Wissen, Einstellung und Verhalten der Allgemeinbevölkerung zur Organ- und Gewebespende".* BZgA-Forschungsbericht. Bundeszentrale für gesundheitliche Aufklärung (BZgA).

Case, D. O. (2007). *Looking for information: A survey of research on information seeking, needs, and behavior* (2nd ed.). Library and information science. Boston: Elsevier/Academic Press.

Chewning, B., Bylund, C. L., Shah, B., Arora, N. K., Gueguen, J. A. & Makoul, G. (2012). Patient preferences for shared decisions: A systematic review. *Patient Education and Counseling, 86*(1), 9–18. https://doi.org/10.1016/j.pec.2011.02.004.

Chien, Y.-H. (2014). Organ Donation Posters: Developing Persuasive Messages. *Journal of Communication and Media Technologies, 4*(4), 119–135. https://doi.org/10.29333/ojcmt/2490.

D'Alessandro, A. M., Peltier, J. W. & Dahl, A. J. (2012a). Use of social media and college student organizations to increase support for organ donation and advocacy: a case report. *Progress in Transplantation, 22*(4), 436–441. https://doi.org/10.7182/pit2012920.

D'Alessandro, A. M., Peltier, J. W. & Dahl, A. J. (2012b). A large-scale qualitative study of the potential use of social media by university students to increase awareness and support for organ donation. *Progress in Transplantation, 22*(2), 183–191. https://doi.org/10.7182/pit2012619.

Eilders, C., Neidhardt, F. & Pfetsch, B. (2004). Die „Stimme der Medien" – Pressekommentare als Gegenstand der Öffentlichkeitsforschung. In C. Eilders, F. Neidhardt, & B. Pfetsch (Hrsg.), *Die Stimme der Medien. Pressekommentare und politische Öffentlichkeit in der Bundesrepublik* (S. 11–38). Wiesbaden: VS Verlag.

Entman, R. M. (1993). Framing: Toward Clarification of a Fractured Paradigm. *Journal of Communication, 43(*4), 51–58. https://doi.org/10.1111/j.1460-2466.1993.tb01304.x.

Eurotransplant (2020). *Annual Report 2020.* https://www.eurotransplant.org/wp-content/uploads/2021/09/ET_AR20_highlights_web.pdf. Zugegriffen: 4. Juli 2022.

Feeley, T. H. & Moon, S.-I. (2009). A Meta-Analytic Review of Communication Campaigns to Promote Organ Donation. *Communication Reports, 22*(2), 63–73. https://doi.org/10.1080/08934210903258852.

Feeley, T. H. & Vincent, D. V. (2007). How Organ Donation Is Represented in Newspaper Articles in the United States. *Health Communication, 21*(2), 125–131. https://doi.org/10.1080/10410230701307022.

Feeley, T. H., Marshall, H. M. & Reinhart, A. M. (2006). Reactions to Narrative and Statistical Written Messages Promoting Organ Donation. *Communication Reports,19*(2), 89–100. https://doi.org/10.1080/08934210600918758.

Feeley, T. H., O'Mally, A. K. & Covert, J. M. (2016). A Content Analysis of Organ Donation Stories Printed in U.S. Newspapers: Application of Newsworthiness. *Health Communication, 31*(4), 495–503. https://doi.org/10.1080/10410236.2014.973549.

Galarce, E. M., Ramanadhan, S. & Viswanath, K. (2011). Health Information Seeking. In T.L. Thompson, R. Parrott, J.F. Nussbaum (Hrsg.), *The Routledge Handbook of Health Communication* (2nd ed., 167–180). New York, NY: Routledge.

Green, M., Byrne, M. H. V., Legard, C., Chen, E., Critchley, A., Stainer, B. & Saeb-Parsy, K. (2020). The Effect of Positive and Negative Poster Messages on Organ Donor Registration. *Transplantation Proceedings, 52*(10), 2899–2900. https://doi.org/10.1016/j.transproceed.2020.03.029.

Griffin, R. J., Dunwoody, S. & Neuwirth, K. (1999). Proposed model of the relationship of risk information seeking and processing to the development of preventive behaviors. *Environmental Research, 80*(2), S. 230–245. https://doi.org/10.1006/enrs.1998.3940.

Hornik, R., & Niederdeppe, J. (2008). Information Scanning. In W. Donsbach (Hrsg.), The international encyclopedia of communication. https://doi.org/10.1002/9781405186407.wbieci026.

Jeffres, L. W., Carroll, J. A., Rubenking, B. E., & Amschlinger, J. (2008). Communication as a predictor of willingness to donate one's organs: an addition to the Theory of Reasoned Action. *Progress in Transplantation, 18*(4), 257–262.

Johnson, J. D. & Case, D. O. (2012). *Health information seeking. Health communication.* New York, NY: Lang.

Johnson, J. D. & Meischke, H. (1993). A Comprehensive Model of Cancer-Related Information Seeking Applied to Magazines. *Human Communication Research, 19*(3), 343–367. https://doi.org/10.1111/j.1468-2958.1993.tb00305.x.

Kahlor, L. (2010). PRISM: A Planned Risk Information Seeking Model. *Health Communication, 25*(4), 345–356. https://doi.org/10.1080/10410231003775172.

Kim, J.-N., Shen, H. & Morgan, S. E. (2011). Information Behaviors and Problem Chain Recognition Effect: Applying Situational Theory of Problem Solving in Organ Donation Issues. *Health Communication, 26*(2), 171–184. https://doi.org/10.1080/1041023 6.2010.544282.

Köhler, T. & Sträter, K. F. (2020). Einstellungen zur Organspende – Ergebnisse einer qualitativ-empirischen (Pilot-)Studie auf der Basis von Diskussionsthreads im Internet. In M. Raich & J. Müller-Seeger (Hrsg.), *Symposium Qualitative Forschung 2018: Verant-*

wortungsvolle Entscheidungen auf Basis qualitativer Daten (S. 121–149). Springer Fachmedien. https://doi.org/10.1007/978-3-658-28693-4_6.

Kopfman, J. E., Smith, S. W., Yun, J. K. A. & Hodges, A. (1998). Affective and cognitive reactions to narrative versus statistical evidence organ donation messages. *Journal of Applied Communication Research, 26*(3), 279–300. https://doi.org/10.1080/00909889809365508.

Kreps, G. L. (2008). Strategic use of communication to market cancer prevention and control to vulnerable populations. *Health Marketing Quarterly, 25*(1–2), 204–216. https://doi.org/10.1080/07359680802126327.

Lambert, S. D. & Loiselle, C. G. (2007). Health information seeking behavior. *Qualitative Health Research, 17*(8), 1006–1019. https://doi.org/10.1177/1049732307305199.

Lange, C. & von der Lippe, E. (2011). Organspendebereitschaft in der Bevölkerung. In C. Lange, T. Lampert & Robert-Koch-Institut (Hrsg.), *Daten und Fakten: Ergebnisse der Studie „Gesundheit in Deutschland aktuell 2009"* (S. 35–48). Berlin: Robert-Koch-Institut.

Lindacher, V. & Loss, J. (2019). Die Bedeutung sozialer Online-Netzwerke für die Gesundheitskommunikation. In C. Rossmann & M. R. Hastall (Hrsg.), *Handbuch der Gesundheitskommunikation: Kommunikationswissenschaftliche Perspektiven* (S. 185–196). Springer Fachmedien. https://doi.org/10.1007/978-3-658-10727-7_15.

Link, E. (2019). *Vertrauen und die Suche nach Gesundheitsinformationen: eine empirische Untersuchung des Informationshandelns von Gesunden und Erkrankten.* Wiesbaden: Springer VS.

Link, E., Baumann, E., Linn, A., Fahr, A., Schulz, P. & Abuzahra, M. E. (2021). Influencing Factors of Online Health Information Seeking in Selected European Countries. *European Journal of Health Communication, 2*(1), 29–55. https://doi.org/10.47368/ejhc.2021.002.

Lubjuhn, S. & Bouman, M. (2019). Die Entertainment-Education-Strategie zur Gesundheitsförderung in Forschung und Praxis. In C. Rossmann & M. R. Hastall (Hrsg.), *Handbuch der Gesundheitskommunikation: Kommunikationswissenschaftliche Perspektiven* (S. 411–422). Wiesbaden: Springer Fachmedien. https://doi.org/10.1007/978-3-658-10727-7_32.

McEachan, R. R. C., Conner, M., Taylor, N. J. & Lawton, R. J. (2011). Prospective prediction of health-related behaviours with the Theory of Planned Behaviour: A meta-analysis. *Health Psychology Review, 5*(2), 97–144. https://doi.org/10.1080/17437199.2010.521684.

Meyer, L. (2017). *Gesundheit und Skandal: Organspende und Organspendeskandal in medialer Berichterstattung und interpersonal-öffentlicher Kommunikation* (1. Aufl.). Baden-Baden: Nomos.

Meyer, L. & Rossmann, C. (2015). Organspende und der Organspendeskandal in den Medien: Frames in der Berichterstattung von Süddeutscher Zeitung und Bild. In M. Schäfer, O. Quiring, C. Rossmann, M.R. Hastall & E. Baumann (Hrsg.), *Gesundheitskommunikation im gesellschaftlichen Wandel* (S. 49–62). Baden-Baden: Nomos Verlagsgesellschaft mbH & Co. KG.

Miller, C. & Breakwell, R. (2018). What factors influence a family's decision to agree to organ donation? A critical literature review. *London Journal of Primary Care, 10* (4), 103–107. https://doi.org/10.1080/17571472.2018.1459226.

Morgan, S. E. (2004). The power of talk: African-Americans' communication with family membersand its impact on the willingness to donate organs. *Journal of Social and Personal Relationships, 21,* 117–129.

Morgan, S. E., & Miller, J. K. (2002). Beyond the organ donor card: the effect of knowledge, attitudes, and values on willingness to communicate about organ donation to family members. *Health Communication, 14*(1), 121–134. https://doi.org/10.1207/S15327027HC1401_6.

Morgan, S. E., Movius, L. & Cody, M. J. (2009). The Power of Narratives: The Effect of Entertainment Television Organ Donation Storylines on the Attitudes, Knowledge, and Behaviors of Donors and Nondonors. *Journal of Communication, 59*(1), 135–151. https://doi.org/10.1111/j.1460-2466.2008.01408.x.

Morgan, S. E., Harrison, T. R., Chewning, L., Davis, L. & Dicorcia, M. (2007). Entertainment (mis)education: the framing of organ donation in entertainment television. *Health Communication, 22*(2), 143–151. https://doi.org/10.1080/10410230701454114.

Morgan, S. E., Harrison, T. R., Chewning, L. V., DiCorcia, M. J. & Davis, L. A. (2010). The Effectiveness of High- and Low-Intensity Worksite Campaigns to Promote Organ Donation: The Workplace Partnership for Life. *Communication Monographs, 77*(3), 341–356. https://doi.org/10.1080/03637751.2010.495948.

Park, H. S. & Smith, S. W. (2007). Distinctiveness and Influence of Subjective Norms, Personal Descriptive and Injunctive Norms, and Societal Descriptive and Injunctive Norms on Behavioral Intent: A Case of Two Behaviors Critical to Organ Donation. *Human Communication Research, 33*(2), 194–218. https://doi.org/10.1111/j.1468-2958.2007.00296.x.

Quick, B. L., Kim, D. K. & Meyer, K. (2009). A 15-year review of ABC, CBS, and NBC news coverage of organ donation: implications for organ donation campaigns. *Health Communication, 24*(2), 137–145. https://doi.org/10.1080/10410230802676516.

Reifegerste, D. (2019). Soziale Appelle in der Gesundheitskommunikation. In C. Rossmann & M. R. Hastall (Hrsg.), *Handbuch der Gesundheitskommunikation: Kommunikationswissenschaftliche Perspektiven* (S. 493–503). Springer Fachmedien. https://doi.org/10.1007/978-3-658-10727-7_40.

Rummer, A. & Scheibler, F. (2016). Patientenrechte. Informierte Entscheidung als patientenrelevanter Endpunkt. *Deutsches Ärzteblatt, 113*(8), 322–324. https://www.aerzteblatt.de/pdf.asp?id=175052.

Scheufele, B. (2003). *Frames – Framing – Framing-Effekte*. VS Verlag für Sozialwissenschaften. https://doi.org/10.1007/978-3-322-86656-1.

Stefanone, M., Anker, A. E., Evans, M. & Feeley, T. H. (2012). Click to „Like" Organ Donation: The Use of Online Media to Promote Organ Donor Registration. *Progress in Transplantation, 22*(2), 168–174. https://doi.org/10.7182/pit2012931.

Sukalla, F., Rackow, I. & Wagner, A. J. M. (2015). Überwindung von Ambivalenz und Reaktanz im Kontext der Organspende – Sind in Narrationen eingebettete Informationen, die spezifische Ängste ansprechen, die Lösung? In M. Schäfer, O. Quiring, C. Rossmann, M. R. Hastall & E. Baumann (Hrsg.), *Gesundheitskommunikation im gesellschaftlichen Wandel* (S. 189–202). Nomos. https://doi.org/10.5771/9783845264677-189.

Tian, Y. (2010). Organ Donation on Web 2.0: Content and Audience Analysis of Organ Donation Videos on YouTube. *Health Communication, 25*(3), 238–246. https://doi.org/10.1080/10410231003698911.

VanderKnyff, J., Friedman, D. B. & Tanner, A. (2015). Framing life and death on YouTube: the strategic communication of organ donation messages by organ procurement organizations. *Journal of Health Communication, 20*(2), 211–219. https://doi.org/10.1080/10810730.2014.921741.

Wagner, A. J. M. & Hastall, M. R. (2019). Selektion und Vermeidung von Gesundheitsbotschaften. In C. Rossmann & M. R. Hastall (Hrsg.), *Handbuch der Gesundheitskommunikation: Kommunikationswissenschaftliche Perspektiven* (S. 221–232). Springer Fachmedien. https://doi.org/10.1007/978-3-658-10727-7_18.

Wang, X., Shi, J. & Kong, H. (2021). Online Health Information Seeking: A Review and
Meta-Analysis. *Health Communication, 36*(10), 1163–1175. https://doi.org/10.108
0/10410236.2020.1748829.

Weber, K., Martin, M. M. & Corrigan, M. (2006). *Creating Persuasive Messages Advocating
Organ Donation. 54*(1), 67–87.

Yang, Z. J., Aloe, A. M. & Feeley, T. H. (2014). Risk Information Seeking and Processing
Model: A Meta-Analysis. *Journal of Communication, 64*(1), 20–41. https://doi.
org/10.1111/jcom.12071.

Zimmerman, M. S. & Shaw, G. (2020). Health information seeking behaviour: A concept
analysis. *Health Information and Libraries Journal, 37*(3), 173–191. https://doi.
org/10.1111/hir.12287.

Dr. phil. Elena Link ist wissenschaftliche Mitarbeiterin am Institut für Journalistik und
Kommunikationsforschung der Hochschule für Musik, Theater und Medien Hannover.

Mona Wehming ist wissenschaftliche Hilfskraft am Institut für Journalistik und Kommunikationsforschung der Hochschule für Musik, Theater und Medien Hannover.

Teil II

Akteure und Aspekte im Gesprächsverlauf

Das Leid der Angehörigen und der Druck der Warteliste: Die Aufgabe von Ärztinnen und Ärzten bei Gesprächen zur Organspende

Frank Logemann

Zusammenfassung

An die Leitenden von Angehörigengesprächen im Kontext der Organspende richten sich teils gleichgerichtete, teils aber auch konfliktträchtige Anforderungen aus unterschiedlicher Interessenlage. Sie stammen von Spenderinnen und Spendern, deren Angehörigen, Organempfängerinnen und -empfängern, Klinikleitungen und -mitarbeitenden und den Gesprächsführenden selbst. Nicht alle (un-)bewussten Manipulationen im Rahmen des Angehörigengesprächs werden durch Regelwerke verhindert. Es ist daher wichtig, dass Gesprächsführende ihre Aufgaben und die Einflussfaktoren im Rahmen des Gesprächs kennen und dafür sorgen, dass das Ergebnis den Willen der Spenderin oder des Spenders reflektiert.

Schlüsselwörter

Organspende · Angehörigengespräch · Aufgaben · Transplantationsbeauftragte · Ärzte und Ärztinnen

F. Logemann (✉)
Medizinische Hochschule Hannover, Netzwerk der Transplantationsbeauftragten Region NORD e.V., Hannover, Deutschland
e-mail: Logemann.Frank@mh-hannover.de

1   Einleitung

Jährlich sterben in Deutschland rund 60.000 Patientinnen und Patienten mit Erkrankungen im Bereich des Gehirns auf Intensivstationen der 1248 sogenannten Entnahmekrankenhäuser. Diese Kliniken sind durch ihre Ausstattung und Erfahrung in der Lage, Organspenden zu realisieren. Bei etwa 20.000 dieser Patientinnen und Patienten liegt ein Schweregrad der Schädigung am zentralen Nervensystem vor, der zum Überleben mit schwersten Einschränkungen oder sogar zum kompletten endgültigen Ausfall aller Hirnfunktionen führt, wenn die Intensivtherapie weitergeführt wird. In der überwiegenden Zahl der Fälle wird in Anbetracht der schlechten neurologischen Prognose die Therapie eingestellt oder es kommt zum Versterben aus anderen Ursachen. Der komplette endgültige Ausfall aller Hirnfunktionen wird bei ca. 1400 Patientinnen und Patienten festgestellt. Sie können nach Diagnosestellung als „mögliche Organspender" angesehen werden (DSO 2021).

Einer anderen Gruppe von Patientinnen und Patienten droht durch Ausfall anderer Organe wie Herz, Lungen, Leber, Nieren, Bauchspeicheldrüse oder Darm eine stark reduzierte Lebenszeit und Lebensqualität. Durch medizinische Maßnahmen unter Einsatz von Technik und Medikamenten gelingt es oftmals, den Krankheitsverlauf positiv zu beeinflussen, was allerdings meistens lediglich mit einer Leidensverlängerung bei sinkender Lebensqualität verbunden ist. Diesen Patientinnen und Patienten kann häufig nur mit einer Organtransplantation geholfen werden. In Anbetracht geringer Verfügbarkeit von Spenderorganen existiert in Deutschland eine Warteliste für derartige Transplantationen mit über 9000 Patientinnen und Patienten (DSO 2020).

Beide Schicksale, das von Patientinnen und Patienten mit schweren Hirnschädigungen und das derer, die dringend auf eine Organspende angewiesen sind, sind den Teams der Intensivstationen in Deutschlands Entnahmekliniken bekannt. Auf den Intensivstationen treffen sich Erwartungen und Hoffnungen beider Patientengruppen und deren Angehörigen mit den Möglichkeiten der Helfenden aus Medizin und Pflege. Alle verbindet für eine individuell unterschiedliche Zeit das Thema der Organspende.

Aus den Bedürfnissen der Patientinnen und Patienten mit infauster[1] Hirnschädigung, denen ihrer Angehörigen und denen der Wartelistenpatientinnen und -patienten entstehen für das medizinische Personal der Intensivstationen Aufgaben für das Angehörigengespräch zur Frage nach Organspende. Größtenteils sind diese Aufgaben zumindest grob auch über Gesetze, Richtlinien und Empfehlungen definiert.

---

[1] Infaust quoad vitam: infausta (lat.) = verzweifelt. Ungünstige Prognose, die besagt, dass die zugrunde liegende Erkrankung unabhängig von der Therapie zum Tode führen wird.

Nicht selten sehen sich insbesondere die Medizinerinnen und Mediziner, die die letztendliche Verantwortung für die Therapie der sterbenden Patientinnen und Patienten übernehmen, allerdings im Konflikt, allen Ansprüchen gleichermaßen gerecht zu werden (de Groot et al. 2014). Die Konflikte können zudem durch eigene ambivalente Haltungen zur Transplantationsmedizin, eigene moralische Einstellungen und wirtschaftliche Interessen der Kliniken zusätzlich verstärkt werden.

Trotz dieser Konflikte muss das Intensivpersonal in der Situation einer sterbenden Patientin oder eines sterbenden Patienten die Kommunikation mit den Angehörigen so gestalten, dass die Frage nach Organspende im Sinne der Patientin oder des Patienten entschieden werden kann. Dementsprechend gehört das Führen von Angehörigengesprächen zu den anspruchsvollsten Aufgaben der Ärztinnen und Ärzte im Kontext der Organspende.

Im Folgenden sollen die relevanten Bedürfnisse von Seiten der o. g. Patientengruppen, der Angehörigen potenzieller Spenderinnen und Spender, des Krankenhauses, dessen Mitarbeitenden ebenso wie die Anforderungen aus Gesetzen und Richtlinien an das Führen derartiger Gespräche beleuchtet und die daraus resultierenden Aufgaben der Medizinerinnen und Mediziner für die Gesprächsführung abgeleitet werden.[2]

2 Bedürfnisse der Patientinnen und Patienten auf der Warteliste einer Organtransplantation

Insbesondere in Deutschland, mit im internationalen Vergleich langen Wartezeiten für Organtransplantationen, dürften die zur Organtransplantation gelisteten Menschen hohe Ansprüche haben, dass kein Spendewunsch übersehen wird und alle Optionen der Organspende genutzt werden. In Anbetracht der schlechten Prognosen zu Lebenszeit und -qualität vieler Menschen auf der Warteliste sind diese Ansprüche nachvollziehbar berechtigt. Die Aufforderungen einiger Interessengruppen von Wartenden und Transplantierten, mehr Organspenden in Deutschland zu ermöglichen, richten sich dabei hauptsächlich sowohl an die politischen und gesetzgebenden Instanzen als auch an das Personal der Entnahmekliniken.

Im Brennpunkt stehen oftmals Medizinerinnen und Mediziner der Intensivstationen und Transplantationsbeauftragte (Lebertransplantierte Deutschland 2021).

---

[2] Zur besseren Lesbarkeit wird auf die explizite Nennung der Gewebespende (gem. Transplantationsgesetz) zusätzlich zur Organspende weitestgehend verzichtet. Der Begriff „Organspende" wird mit wenigen Ausnahmen als Synonym für „Organ- und Gewebespende" verwendet.

Von ihnen wird erwartet, mit hoher Kompetenz und ohne Unsicherheiten alle Facetten der Organspende, von der Evaluation potenzieller Organspenderinnen und Organspender bis hin zur Organentnahme, fehlerfrei umsetzen zu können. Teilbereiche der Organspende sind

- Engmaschige Spenderevaluation
- Frühzeitiges Erkennen neurologisch infauster Krankheitsbilder
- Frühzeitiges Hinzuziehen der Transplantationsbeauftragten
- Mehrstufige Kommunikation mit den Angehörigen
- Diagnostik des irreversiblen Hirnfunktionsausfalls
- Feststellen des Willens zur Organspende
- Organprotektive Intensivtherapie
- Pietätvoller Umgang
- Angehörigenbetreuung
- Zusammenarbeit mit der Koordinierungsstelle
- Organdiagnostik
- Organentnahme
- Dokumentation
- Nachbetreuung des Leichnams und der Angehörigen

Im Rahmen der 2019/2020 geführten Diskussion zum „Gesetz zur Stärkung der Entscheidungsbereitschaft bei der Organspende" (GSEO 2020) im Deutschen Bundestag haben die o. g. Interessenverbände (z. B. Lebertransplantierte Deutschland 2021) durchweg für die Einführung einer Widerspruchslösung plädiert. Dementsprechend ist anzunehmen, dass wartende Organempfängerinnen und -empfänger bei unbekanntem Patientenwillen eher eine zielorientierte Kommunikationsform der Gesprächsleitung, die auf Zustimmung zur Organspende ausgerichtet ist, befürworten. Beispielsweise könnte auf Basis einer einseitig positiven Darstellung ethischer, religiöser und medizinischer Argumente zugunsten einer Organspende während des Angehörigengesprächs wahrscheinlicher mit einer Zustimmung der Angehörigen gerechnet werden.

Aber auch die Beachtung psychologischer Grundlagen der Gesprächsführung durch die Ärztinnen und Ärzte kann von Seiten der Personen auf der Warteliste erwartet werden, denn sie kann wesentlich sein, um eine in der Trauersituation typische emotionale Abwehrhaltung der Angehörigen gegenüber neuen Entscheidungssituationen zu reduzieren. Wesentliche Faktoren stellen in dem Zusammenhang der frühzeitige Vertrauens- und Informationsaufbau durch frühzeitige Kommunikation schon vor Entstehung der infausten Prognose und die einfühlsame kompetente Beratung zur Organspende bei der Übermittlung der infausten

Prognose dar (de Groot et al. 2014). Aber auch spezielle Faktoren der gezielten Motivation können eine Rolle spielen, um die Entscheidung für eine Organspende zu beeinflussen (Black und Forsberg 2014).

3 Bedürfnisse der sterbenden Patientinnen und Patienten

Nur etwa 18 % der potenziellen Organspenderinnen und Organspender in deutschen Kliniken haben zu Lebzeiten ihre Bedürfnisse und Wünsche im Falle des irreversiblen Hirnfunktionsausfalls schriftlich fixiert; beispielsweise in Form eines Organspendeausweises, einer Patientenverfügung, einer Vorsorgevollmacht oder eines Eintrags in einem elektronischen Register. Gelegentlich (0,5 %) haben Sterbende zu Lebzeiten festgelegt, dass die Entscheidung zur Frage der Organspende von einer benannten vertrauten Person situationsadaptiert getroffen werden soll. Oftmals liegen hingegen anstatt schriftlicher Dokumente zitierbare mündliche Äußerungen (ca. 20 %) oder zumindest deutliche Vorstellungen der Angehörigen zum mutmaßlichen Willen (44 %) der Sterbenden vor (DSO 2020).

Es ist davon auszugehen, dass potenzielle Organspenderinnen und -spender die Berücksichtigung dieser hinterlassenen Informationen zur Frage der Organspende wünschen und dass dementsprechend alles dafür getan wird, um diese Wünsche möglichst umfassend zu eruieren und umzusetzen. Daraus entstehen in Bezug auf das Angehörigengespräch sowohl an die Angehörigen selbst als auch an deren Kommunikationspartnerinnen und -partner auf den Intensivstationen gerichtete Erwartungen der Sterbenden. Insbesondere dürfte dabei im Vordergrund stehen, gemeinsam ein detailliertes Meinungsbild der oder des Sterbenden zu Hirnfunktionsdiagnostik und Organspende zu entwerfen.

Im Interesse der potenziellen Organspenderinnen und -spender sollte bei der Beurteilung des hinterlassenen Willens auch der Geisteszustand zum Zeitpunkt der Willensäußerung bedacht werden. Dies ist oftmals bei Heranwachsenden und dementiell veränderten Patientinnen und Patienten nicht unerheblich.

In den oben genannten Fällen mit hinterlassenen Wünschen und Informationen muss davon ausgegangen werden, dass eine Beeinflussung der Entscheidungsfindung zur Organspende durch persönliche Einstellungen und Interessen der Kommunikationspartnerinnen und -partner unerwünscht ist. Dies gilt insbesondere dann, wenn ihre Einstellungen und Interessen von denen der potenziellen Organspenderinnen und -spender abweichen. Als Beispiel genannt sei hier das Interesse der Ärztinnen und Ärzte, möglichst vielen Patientinnen und Patienten durch eine Organtransplantation zu helfen sowie das Interesse von Angehörigen, eine für sie sehr belastende Betreuungssituation möglichst rasch zu beenden. Die Reduktion auf den tatsächlichen Patientenwillen gelingt in der Regel dann besonders treffend, wenn hinterlassene aktuelle schriftliche Äußerungen unkompliziert komplett abrufbar sind und beim Angehörigengespräch vorliegen.

Für den restlichen Teil (ca.18 %) potenzieller Organspenderinnen und -spender existieren weder schriftliche oder mündliche Festlegungen zum Organspendewunsch, noch lässt sich über indirekte Hinweise ein mutmaßlicher Wille fixieren (DSO 2020). In diesen Fällen kann davon ausgegangen werden, dass es im Sinne des oder der Versterbenden ist, den oder die nächsten Angehörigen aus deren eigenen Einstellungen zur Organspende heraus über das Vorgehen entscheiden zu lassen. Zum zeitlichen Ablauf der Entscheidungsfindung wird anzunehmen sein, dass eine unnötige Verlängerung der laufenden Behandlung, die nunmehr palliativen Charakter besitzt, im Sinne der Sterbenden und im Sinne der Angehörigen vermieden werden soll. Eine kompetente Gesprächsführung und das Anbieten aller relevanten Informationen zu Details der Organspende durch vertraute Ärztinnen und Ärzte kann dafür erwartet werden.

4   Bedürfnisse der Angehörigen potenzieller Organspenderinnen und Organspender

Die trauernden Angehörigen in dem ungewohnten Umfeld der Intensivstation befinden sich in einer ausgesprochen belastenden Stresssituation. Durch die hochgradige Variabilität der individuellen Lebens- und Krankengeschichten, verbunden mit der großen Verantwortung für die passende Entscheidung, existieren bei den Angehörigen potenzieller Organspenderinnen und Organspender eine Vielzahl von Facetten an Bedürfnissen und Ansprüchen an Angehörigengespräche (de Groot et al. 2014).[3]

5   Erwartungen der Krankenhausleitung

Neben einer patientenorientierten Kommunikation und einer strikten Einhaltung der rechtlichen Regelungen zur Organspende spielen für die Klinik auch ökonomische Aspekte eine Rolle beim diesbezüglichen Angehörigengespräch. Diese werden im Wesentlichen durch knapp bemessene Ressourcen aus dem von Fallpauschalen bestimmten Vergütungssystem hervorgerufen. Werden die für typische

---

[3]Vgl. hierzu den Beitrag von Barbara Denkers in diesem Band.

Organspenderinnen und -spender auf Intensivstationen vom DRG-System kalkulierten Kostenfaktoren (wie Verweildauer auf Intensivstation, Bindung von Personal und Einsatz von Material/Technik) überschritten, drohen unmittelbar wirtschaftliche Verluste. Hinzu kommen Sekundärfolgen für die Versorgung anderer Patientinnen und Patienten durch Reduktion der Intensivbettenkapazität und Personalunterbesetzung.

Mittelbar kann es bei starken Verzögerungen im oftmals sehr in Anspruch nehmenden Organspendeprozess beim involvierten Personal rasch zu moralischen Konflikten und Motivationsproblemen kommen, die die Leistungsfähigkeit der Patientenversorgung beeinträchtigen. Daher muss von den Klinikleitungen erwartet werden, dass die Kommunikation mit den Angehörigen einen raschen Abschluss des Falls erlaubt.

Mit der deutlichen Erhöhung der zusätzlichen Pauschalen für den Mehraufwand bei realisierten Organspenden im Jahr 2019 (GZSO 2019), profitieren Kliniken in besonderem Maße zusätzlich davon, wenn im Angehörigengespräch frühzeitig der Organspendewunsch herausgestellt und anschließend die Organentnahme unverzüglich umgesetzt wird.

6   Bedürfnisse des Klinikpersonals

Das direkt Patientinnen und Patienten versorgende Personal auf den Intensivstationen setzt sich aus Pflegenden und Medizinerinnen und Medizinern zusammen. Gewöhnlich haben die Pflegenden dadurch, dass sie mehr Zeit am Patientenbett verbringen als die Ärztinnen und Ärzte, mehr persönlichen Kontakt zu den Angehörigen und damit auch deutlichere Eindrücke sowohl von der Person und ihrer persönlichen Umgebung selbst als auch von den Ängsten und Unsicherheiten der Angehörigen. Hieraus entwickelt sich insbesondere bei längeren Krankheitsverläufen öfter ein engeres Vertrauensverhältnis als zwischen Angehörigen und den behandelnden Ärztinnen und Ärzten (de Groot et al. 2014).

Auf Intensivstationen findet man in der Regel eine enge Verbundenheit des gesamten Teams mit den Patientinnen und Patienten und deren Angehörigen und einen ausgeprägten Teamgedanken. Aus diesem Ansatz heraus kann plausibel von dem bestehenden Wunsch des Teams ausgegangen werden, die Gesprächsrunden zu den Themen „Therapielimitation" und „Organspende" durchweg mit Pflegenden und Ärztinnen oder Ärzten zu besetzen (de Groot et al. 2014).

Das Intensivteam hat zudem das Bedürfnis, das Angehörigengespräch authentisch und kompetent führen zu können. Hierzu ist nicht nur ein guter Kenntnisstand zum Zustand des irreversiblen Hirnfunktionsausfalls und dem Prozess der

Organspende erforderlich, sondern auch eine Kommunikationsfähigkeit, die es ermöglicht, die passende Form zu finden und den Inhalt verständlich zu machen. Erschwert wird das Erreichen einer diesbezüglich jederzeit vorhandenen vollen Kompetenz dadurch, dass der Organspendeprozess, verglichen mit den meisten anderen Pfaden in der Patientenversorgung, sehr selten durchlaufen wird. Daher ist das Intensivpersonal zur Unterstützung der inhaltlichen Kompetenz im Angehörigengespräch auf Hilfsmittel wie Handbuch, Leitlinie oder Verfahrensanweisung angewiesen. Dies betrifft insbesondere die Fragen nach Zeitpunkt, Form und Inhalt der Gespräche. Es werden zudem Hilfestellungen durch die Transplantationsbeauftragten der Klinik, die durch ihre Ausbildung für derartige Gesprächssituationen besonders geschult sind, erwartet. Meistens sind die Transplantationsbeauftragten bei den Angehörigengesprächen zum Thema der Organspende daher anwesend oder leiten diese sogar (DSO 2021; DIVI 2015).

Für die Authentizität der Gesprächsführenden ist das Vertrauen in die Transplantationsmedizin und zur Organspende per se von elementarer Bedeutung. Ambivalente Haltungen dazu oder gar Aversionen schaffen eine unangenehme Gesprächsatmosphäre für das Stationsteam, die von den Angehörigen wahrgenommen werden könnte. Auch wenn bei Intensivpersonal durch die Option, eine Therapieform für andere Patientinnen und Patienten zu schaffen, eine überwiegend positive Haltung zur Organspende existiert, ist diese Haltung doch recht vulnerabel. Sie hat überdies offenbar einen nachweislichen Einfluss auf die Ausschöpfung des Organspendepotenzials. Dies zeigen Ergebnisse aus Befragungen von Ärztinnen und Ärzten sowie Pflegekräften zur persönlichen Einstellung zur Organspende und -transplantation, die im Rahmen der 2012/2013 öffentlichkeitswirksam diskutierten aufgetretenen Unregelmäßigkeiten bei der Organvermittlung durchgeführt wurden. Anhand der Befragungen stellte sich ein erheblicher Vertrauensverlust zur Organspende durch den Skandal in beiden Berufsgruppen, insbesondere bei den Pflegenden, heraus, der von den Autoren mit dem starken Rückgang der Organspendermeldungen bei der Deutschen Stiftung Organtransplantation in den Folgejahren in Verbindung gebracht wurde (Grammenos et al. 2014).

Außerdem profitieren Intensivpersonal und Transplantationsbeauftragte bei Angehörigengesprächen in moralischen und ethischen Spannungsfeldern oft von Hilfsangeboten durch Ethikkomitee, Seelsorge und Kirchen (de Groot et al. 2015).

Da die Transplantationsbeauftragten häufig nicht nur als Experten und Expertinnen für den Organspendeprozess an Gesprächsrunden teilnehmen, sondern diese oft auch leiten, richten sich von ihnen nicht nur Angebote, sondern auch Erwartungen an das Intensivpersonal. Besonders die rechtzeitige Einbeziehung in die Kommunikation ist für sie wichtig, um möglichst frühzeitig ebenfalls eine positive Vertrauensebene zu den Angehörigen erlangen zu können.

Ein stabiles soziales Umfeld der Familie mit einer festen Ansprechperson ist für das Intensivteam ein weiteres großes Bedürfnis. Diese Kontinuität fördert das gegenseitige Vertrauen und erleichtert die Kommunikation. Das betrifft insbesondere das offene Ansprechen von Unsicherheiten und Ängsten auf beiden Seiten.

Überwiegend ist beim Personal von Intensivstationen das Bestreben ausgeprägt, durch eine Organspende Therapieoptionen für andere schwer kranke Patientinnen und Patienten zu schaffen (de Groot et al. 2014; Grammenos et al. 2014). Daraus könnte unter Umständen ein bewusstes oder unbewusstes Verhalten abgeleitet werden, das die Entscheidungsfindung der Angehörigen beeinflusst. Allerdings steht dem das darüber dominierende generelle Bedürfnis des Teams, den Angehörigen ein gutes Informations- und Vertrauensniveau für ihre Entscheidung zu bieten, gegenüber. Zur Zufriedenheit des Intensivpersonals trägt außerdem die Gewissheit, den Angehörigen ausreichend Zeit für die Entscheidung zur Hirnfunktionsdiagnostik und zur Organspende gegeben zu haben, sehr stark bei (de Groot et al. 2014, 2015).

Nach Feststellung der infausten neurologischen Prognose ist das Intensivteam um einen unverzüglichen Abschluss der Intensivtherapie bemüht. Zum einen natürlich, um den Leidensweg seiner Patientinnen und Patienten nicht unnötig zu verlängern. Das Aufrechterhalten der lebenswichtigen Funktionen durch Beatmungsgeräte, Kreislaufsteuerung, Medikamente und künstliche Ernährung trotz ansonsten angezeigter palliativer Reduktion auf das Minimum unter maximaler (u. a. medikamentöser) Leidensminimierung stößt relativ rasch an die moralischen Grenzen der Pflegenden und Ärztinnen und Ärzte. Hinzu kommen außerdem die in deutschen Kliniken permanent existierenden Personalunterbesetzungen, die den pflegerischen Einsatz bei personalintensiven potenziellen Organspenderinnen und Organspendern besonders betrifft. Aus diesen Gründen ist es für das medizinische Personal sehr wichtig, ohne Zeitverlust einen Termin zum Angehörigengespräch zu vereinbaren und hierfür ggf. auch Kompromisse bei der Zusammenstellung der Gesprächsrunde zu akzeptieren.

Für die Zeit bis zur Entscheidungsfindung sind den Medizinerinnen und Medizinern in Vorgesprächen festgelegte Vereinbarungen zu Therapielimitierungen sehr hilfreich (DIVI 2019).

7 Anforderungen aus Gesetzen, Richtlinien und Empfehlungen

Zur Gesprächsführung im Kontext der Organspende richten sich relevante Passagen aus Gesetzen, Richtlinien und Empfehlungen an das medizinische Personal der Intensivstationen. Dies betrifft insbesondere die Dimensionen Zeitpunkt, Teilnehmende, Umfeld, Form und Inhalt. Folgende Quellen sind hierzu aktuell von besonderer Relevanz und werden bei den weiteren Ausführungen berücksichtigt:

- Transplantationsgesetz (TPG 1997)
- Richtlinie zur Spendererkennung der Bundesärztekammer (2020)
- Hirntod und Entscheidung zur Organspende (Deutscher Ethikrat 2015)
- Entscheidungshilfe bei erweitertem intensivmedizinischen Behandlungsbedarf auf dem Weg zur Organspende der Deutschen Interdisziplinären Vereinigung für Intensiv- und Notfallmedizin (DIVI 2019)
- Entscheidungen bei potenziellen Organspendern (Gemeinsames Positionspapier der Sektionen Ethik und Organspende und -transplantation der DIVI 2015).

7.1 Zeitpunkt

In der Regel erfolgen schon weit im Vorfeld einer avisierten Organspende, abhängig von Länge und Dynamik des Krankheitsverlaufs auf der Intensivstation, Angehörigengespräche über die Patientenversorgung. Aus o. g. Quellen geht hervor, dass dementsprechend auch die Frage nach der Organspende in aufeinander folgenden Gesprächen entwickelt werden soll.

Wenn aus medizinischen Erwägungen heraus eine infauste Prognose quoad vitam gestellt wird, muss eine Therapiezieländerung von einer kurativen in eine palliative Richtung stattfinden, um unnötiges Leiden der Patientinnen und Patienten zu vermeiden. Spätestens zu diesem Zeitpunkt muss dazu ein informatives Gespräch der behandelnden Medizinerinnen und Mediziner mit den Angehörigen geführt werden.

Im Falle einer aus neurologischen Gründen infausten Prognose empfiehlt der Deutsche Ethikrat (2015), das Gespräch mit den Angehörigen darüber frühzeitig zu suchen. Damit kann die Gelegenheit geboten werden, sich mit dem Versterben auseinanderzusetzen und die zusätzliche Belastung durch die Frage nach Organspende zu reduzieren, indem sie auf ein zeitnah folgendes Gespräch geschoben wird. Somit bliebe zwischen den Gesprächen Zeit, um eine Hirnfunktionsdiagnostik durchzuführen, die klärt, ob der irreversible Hirnfunktionsausfall, und damit der Tod, bereits eingetreten ist. Die Richtlinie zur Spendererkennung der Bundesärztekammer (2020) unterstützt dieses Vorgehen für Gespräche zur Thematisierung der Organspende ebenfalls. Sie legt lediglich fest, dass ohne endgültige Klärung des Organspendewillens bei diesen Patientinnen und Patienten keine Therapielimitierung eingeleitet werden darf. Die Bundesärztekammer empfiehlt, erste orientierende Gespräche zur Therapiezielfindung spätestens dann durchzuführen, wenn der irreversible Hirnfunktionsausfall als unmittelbar bevorstehend oder bereits eingetreten vermutet wird. Die Deutsche Interdisziplinäre Vereinigung für Intensivmedizin (DIVI 2019) zeigt ebenfalls Vorteile für die Steuerung der weiteren Intensivbehandlung auf, wenn die zuständigen Ärztinnen oder Ärzte bereits vor Einleitung der Hirnfunktionsdiagnostik den Organspendewunsch der oder des Sterbenden ermitteln.

Das informative Gespräch bei festgelegter infauster Prognose stellt also einen wesentlichen Meilenstein für die weitere Patientenversorgung dar. Zur Vermeidung einer Leidensverlängerung sollte es zeitnah stattfinden (DIVI 2015). Der Deutsche Ethikrat weist aber auch darauf hin, dass ein sehr frühzeitig angesetztes Gespräch zum Thema der Organspende wegen der möglichen Gefahr einer Fehlinterpretation durch die Angehörigen wohl überlegt sein sollte. Die Angehörigen könnten nämlich aus dem frühen Zeitpunkt ableiten, dass eigentlich einsetzbare Verfahren zur Lebensrettung wegen der medizinischen Ambition für die Organspende nicht angewendet werden (Deutscher Ethikrat 2015).

Ein Folgegespräch soll unverzüglich nach Feststellung der Hirnfunktionslosigkeit (früher sog. „Hirntod"), und damit vorliegendem Sterbezeitpunkt, stattfinden, um den Angehörigen das Versterben mitzuteilen. Da eine Therapie von Verstorbenen auf Intensivstationen nur zum Zwecke der Organspende zulässig ist, muss spätestens mit der Todesmitteilung auch die Option der Organspende geklärt werden.

Das deutsche Transplantationsgesetz hält sich mit der Festlegung von Gesprächszeitpunkten sehr zurück. Es schreibt lediglich vor, dass vor der Entnahme von Organen die Angehörigen der oder des Spendenden durch die behandelnden Ärztinnen und Ärzte über die Absicht der Organentnahme informiert werden müssen (TPG 1997).

Auch nach einer erfolgten Zustimmung zur Organspende kann es notwendig und/oder gewünscht sein, weitere Folgegespräche zu führen, um spezifische Details der Krankenvorgeschichte zu erfragen oder um Unsicherheiten bei den Angehörigen zu beseitigen. Diese Notwendigkeit bzw. Option muss der oder dem nächsten Angehörigen benannt werden.

7.2   Teilnehmende

Generell wird von Seiten des Gesetzgebers verlangt, dass für geplante medizinische Behandlungsverfahren eine Information der Patientinnen und Patienten darüber sicherzustellen und ggf. die Einwilligung dafür einzuholen ist. Die Zuständigkeit liegt bei den behandelnden Ärztinnen und Ärzten.

Im Falle des akut erkrankten Menschen, der unter Bewusstlosigkeit und künstlicher Beatmung auf der Intensivstation therapiert wird, ist die Einwilligungsfähigkeit nicht gegeben. Die Gespräche werden daher mit einem oder einer durch Vorsorgevollmacht oder Gericht eingesetzten Patientenvertreter bzw. -vertreterin geführt. Diese Person stammt idealerweise aus dem direkten Angehörigenumfeld. Alle entscheidenden Informationen zur Patientenversorgung müssen, an Patientinnen oder Patienten statt, an diese Vertreterin oder diesen Vertreter gerichtet werden, solange der Sterbezeitpunkt nicht festgelegt ist (Bundesärztekammer 2020). Bis zum Zeitpunkt des Versterbens erfolgt letztendlich auch die Zustimmung zur Hirnfunktionsdiagnostik und zur Einleitung einer Organspende direkt von der, die Patientin oder den Patienten vertretende, juristisch entscheidungsberechtigten Person. Diese hat gemäß Transplantationsgesetz und Richtlinie der Bundesärztekammer sicherzustellen, dass vorangegangene Willensäußerungen des oder der Sterbenden gegenüber den nächsten Angehörigen adäquat erfasst und umgesetzt werden (TPG 1997; Bundesärztekammer 2020).

In einigen Fällen kann die Bestimmung der Entscheidungsberechtigten und damit die Zusammenstellung der Gesprächsrunde zum Thema der Organspende kompliziert sein. Diese Gefahr entsteht schnell, wenn eingesetzte vertretende Person und nächste Angehörige oder Angehöriger nicht dieselbe Person sind. Wichtig zu wissen ist in dem Zusammenhang, dass mit Festlegung des Sterbezeitpunkts, wenn nicht anders festgelegt, die Zuständigkeit der eingesetzten Patientenvertreterin oder des -vertreters endet. Ab diesem Zeitpunkt entscheiden dann bei unbekanntem Patientenwillen laut Transplantationsgesetz die nächsten Verwandten der oder des Verstorbenen über die Weiterführung einer Organspende im Sinne der potenziellen Organspenderin oder des Organspenders (TPG 1997). Der Gesetzgeber hat zu dem Zweck auch die Rangfolge der verschiedenen Verwandtschaftsgrade klar definiert:

a. Ehegattin oder Ehegatte oder eingetragene/r Lebenspartnerin oder Lebenspartner
b. volljährige Kinder
c. Eltern, Vormund, Pflegerin oder Pfleger
d. volljährige Geschwister
e. Großeltern

Die Deutsche Interdisziplinäre Vereinigung für Intensiv- und Notfallmedizin (DIVI) weist darauf hin, dass es bei absehbarem Zuständigkeitswechsel nach Feststellung des Todes potenzieller Organspenderinnen und -spender sinnvoll ist, auch schon im Vorfeld der Todesfeststellung die nächsten Angehörigen in die Gespräche einzubeziehen (DIVI 2019).

In Anbetracht der o. g. medizinischen und ethischen Gründe für eine rasche Entscheidung legt das Transplantationsgesetz fest, dass auch nachrangige Angehörige bei unbekanntem Willen des oder der Verstorbenen entscheidungsberechtigt sind, wenn vorrangige Angehörige nicht rechtzeitig erreichbar sind. Bei mehreren Gleichrangigen reicht das Gespräch mit einer dieser Personen, solange kein Widerspruch aus der gleichen Gruppe erfolgt. Entscheidende Angehörige müssen in den vergangenen zwei Jahren Kontakt zur potenziellen Organspenderin oder zum potenziellen Organspender gehabt haben (TPG 1997).

Zwar bestimmt das Transplantationsgesetz für die Transplantationsbeauftragten die Verantwortung, für eine angemessene Begleitung der Angehörigen zu sorgen, daraus resultiert allerdings nicht die Verpflichtung, an allen Angehörigengesprächen teilzunehmen (TPG 1997). Die Bundesärztekammer legt in ihrer Richtlinie zur Spendererkennung fest, dass die Gesprächsführung im Sinne des Vertrauensverhältnisses zu den Angehörigen durch die behandelnden Ärztinnen und Ärzte oder die Transplantationsbeauftragten der Klinik erfolgen soll (Bundesärztekammer 2020). Gleiches empfiehlt auch der Deutsche Ethikrat in seiner Stellungnahme zur Organspende, wobei er aufzeigt, dass die Gesprächsführung mit den Angehörigen als interdisziplinäre Aufgabe des gesamten Intensivteams verstanden werden sollte. Bei der Zusammensetzung der Gesprächsrunden sollte zudem auf Kontinuität der Gesprächsleitenden und auf Geschlechter- und Kulturspezifika geachtet werden. Der Deutsche Ethikrat rät darüber hinaus, dass Gesprächsführende kein Doppelmandat besitzen sollten, wie dies beispielsweise bei Transplantationsmedizinerinnen und -medizinern oder DSO-Mitarbeiterinnen und -Mitarbeitern der Fall wäre. Er setzt den Schwerpunkt der Gesprächsführung bei den speziell geschulten Transplantationsbeauftragten (Deutscher Ethikrat 2015).

Gleichwohl lässt die BÄK-Richtlinie zur Spendererkennung (Bundesärztekammer 2020) den Gesprächsführenden die Möglichkeit, die Deutsche Stiftung Organtransplantation (DSO) unterstützend hinzuzuziehen, wenn sich herausstellt, dass die Anforderungen an das Angehörigengespräch im Kontext der Organspendefrage von den Klinikärztinnen und -ärzten nicht erfüllt werden können.

Ebenfalls sollte an die Unterstützung durch Seelsorgerinnen oder Seelsorger und Psychologinnen oder Psychologen gedacht werden, insbesondere, wenn schon im Vorfeld des Angehörigengesprächs Kontakte hierzu stattgefunden haben. Bei dem Wunsch, Kinder in das Gespräch zur Klärung der Organspende einzubeziehen, ist es ohnehin ratsam, Psychologinnen oder Psychologen zu kontaktieren.

7.3 Umfeld und Form

Zum Umfeld des Angehörigengesprächs im Kontext der Organspende existieren aus Gesetzen und Richtlinien nur rudimentäre Angaben. In der BÄK-Richtlinie zur Spendererkennung (Bundesärztekammer 2020) findet man dementsprechend, dass die Angehörigengespräche in einem angemessenen Rahmen stattfinden sollen. Wesentlich detailliertere Empfehlungen dazu finden sich in der aktuellen Stellungnahme des Deutschen Ethikrats (2015) zur Organspende. Er betont darin die Relevanz eines angenehmen Stationsklimas ohne Zeichen der Überforderung und mit ausreichendem Zeitkontingent sowohl für jedes einzelne Gespräch mit Angehörigen als auch für die gesamte Gesprächsfolge. Letzteres sei wichtig, um den Angehörigen ausreichend Möglichkeiten zu geben, das Besprochene untereinander zu reflektieren und eine solide Konsistenz in Wissen und Meinung zu bilden.

Die Gespräche sollten im persönlichen Kreis in einem ruhigen Raum stattfinden. Telefonate oder schriftliche Kommunikation zu dem Zweck stellen keine adäquate Alternative dar und sollten vermieden werden. Vor dem Gespräch sollten sich die professionellen Teilnehmerinnen und Teilnehmer insbesondere zur Rollenverteilung absprechen und diese den Angehörigen zu Gesprächsbeginn mitteilen. Außerdem empfiehlt der Ethikrat, den Angehörigen psychologische Unterstützung im Umfeld der Angehörigengespräche anzubieten.

Neben Wertschätzung, Empathie und Sensibilität gegenüber den Angehörigen und ihren Emotionen[4] erwarten Gesetzgeber, Ethikrat, Bundesärztekammer und die Deutsche Interdisziplinäre Vereinigung für Intensiv- und Notfallmedizin (DIVI) von den professionellen Gesprächsführenden eine ergebnisoffene Haltung. Den Angehörigen helfe demnach eine Zusicherung der Akzeptanz jedweder Entscheidung sehr, um mit der belastenden Situation besser zurecht zu kommen (Deutscher Ethikrat 2015).

Studien aus anderen Ländern unterstützen diese Empfehlungen. Es gibt darin sogar Hinweise, dass selbst die Kleidung der Gesprächsführenden einen Einfluss auf die Zufriedenheit der Angehörigen mit ihrer Entscheidung haben kann (de Groot et al. 2014).

---

[4]Vgl. hierzu auch den Beitrag von Hirsmüller & Schröer in diesem Band.

7.4 Inhalt

Viele Vorgaben zum Angehörigengespräch aus den o. g. Regelwerken betreffen die Sicherstellung der Entscheidung für oder gegen die Organ- oder Gewebespende. Das Transplantationsgesetz bestimmt, dass bei vorliegender schriftlicher Einwilligung der Spenderin oder des Spenders vor Durchführung einer Organspende die oder der nächste Angehörige von der behandelnden Ärztin oder dem behandelnden Arzt über dieses Vorhaben zu unterrichten ist. Liegt keine schriftliche Einwilligung des Verstorbenen vor, muss die oder der nächste Verwandte nach einer Erklärung der potenziellen Organspenderin oder des potenziellen Organspenders zur Organ- oder Gewebespende gefragt werden (TPG 1997).

Vorher muss die Ärztin oder der Arzt feststellen, ob die oder der nächste Angehörige in den vorausgegangenen zwei Jahren persönlichen Kontakt zu der oder dem Verstorbenen hatte. Ist auch der oder dem Angehörigen keine Erklärung bekannt, muss die Ärztin oder der Arzt die nächstangehörige Person nach Zustimmung zur Organ- und Gewebeentnahme fragen. Inhalt der Gespräche ohne schriftliche Festlegung durch die Verstorbene oder den Verstorbenen muss außerdem ein Hinweis der Ärztin oder des Arztes darauf sein, dass bei der Angehörigenentscheidung der mutmaßliche Wille der oder des Verstorbenen berücksichtigt werden muss (TPG 1997; Bundesärztekammer 2020).

Bedacht werden muss in dem Zusammenhang unbedingt auch, dass es im Sinne der Feststellung des Gesamtwillens nicht ausreichend ist, lediglich die Einstellung der oder des Sterbenden zur Organspende zusammen mit den Angehörigen zu evaluieren, sondern ebenso den Wunsch der Therapielimitierung im Falle einer infausten Prognose (DIVI 2019). Hinweise auf die Option des Widerrufs und auf das Recht der Einsichtnahme in Berichte und Befunde dürfen ebenfalls nicht fehlen (TPG 1997).

Im Angehörigengespräch zur Frage nach Organspende muss die zuständige Ärztin oder der zuständige Arzt außerdem die komplette Information über Option, Ablauf und Umfang der Organspende in einer verständlichen Form vermitteln. Besonders soll dabei auch der zeitliche Rahmen skizziert werden (Bundesärztekammer 2020).

Der Unterschied zwischen den verschiedenen Stadien des individuellen Sterbeprozesses und dem diesbezüglichen Wissensstand des medizinischen Personals ist für die Angehörigen oft nicht einfach zu verstehen. Es muss ihnen im Rahmen der

Aufklärung zur Organspende deutlich gemacht werden, dass die Todesfeststellung durch das von der Bundesärztekammer festgelegte Verfahren zur Hirnfunktionsdiagnostik erfolgt. Erst nach dessen Abschluss steht die Funktionslosigkeit des Gehirns, und damit der Tod, der sich zwischenzeitlich aus der infausten Prognose heraus entwickelt hat, fest. Den relevanten Angehörigen muss erläutert werden, dass bis zum Abschluss der Hirnfunktionsdiagnostik trotz hoffnungsloser Prognose eine Lebensverlängerung und bis zur Organentnahme im Operationssaal eine Aufrechterhaltung oder sogar Eskalation der intensivmedizinischen Maßnahmen erforderlich ist (Bundesärztekammer 2020). Angesprochen werden muss darüber hinaus, wo im Sinne der potenziellen Organspenderin oder des potenziellen Organspenders die Grenzen der Therapie liegen. Dies gilt sowohl für die zeitliche Dimension als auch für die eingesetzten Verfahren und deren Intensität (DIVI 2019).

Weiterhin sollen auch die Risiken erläutert werden, die mit dem Verlängern der lebenserhaltenden Verfahren über den Zeitpunkt der infausten Prognosestellung hinaus verbunden sind (s.u.). In dem Zusammenhang muss den Angehörigen auch die Möglichkeit der zwischenzeitlich auftretenden minimalen Prognoseänderung hin zu einem Leben als extremer Schwerstpflegefall erklärt werden (Bundesärztekammer 2020).

8   Aufgaben der Ärztinnen und Ärzte

Die übergeordnete Aufgabe der gesprächsleitenden Medizinerinnen und Mediziner im Kontext der Organspende ist es, trotz aller Einflüsse durch direkt oder indirekt einwirkende Interessen, z. B. von Menschen auf der Warteliste zur Organtransplantation, Angehörigen, Klinikmitarbeitenden, Klinikleitung, Verbänden und Institutionen, das Gesamtbild der potenziellen Organspenderin oder des potenziellen Organspenders mit ihrem oder seinem Willen und Nicht-Willen nicht aus dem Fokus zu verlieren. Damit ist im Besonderen auch die Aufgabe der Selbstreflexion verknüpft, um die Schärfe des Bildes nicht durch die eigenen Einstellungen zur Definition des Sterbens, der Organspende und der Transplantationsmedizin zu gefährden. Um derartige Gefahren der Manipulation der Angehörigenentscheidung zur Organspende zu reduzieren, sieht der Deutsche Ethikrat (2015) die übergeordnete Aufgabe von Gesprächsführenden, an speziellen Schulungen und Supervisionen teilzunehmen.

Vornehmlich wahrscheinlich in Kliniken, die nicht nur Entnahmeklinik, sondern auch Transplantationsklinik sind, muss es dem Klinikteam gelingen, die neutrale Beratungsaufgabe gegenüber den Angehörigen zu verkörpern und damit dem Misstrauen gegenüber den Absichten der Gesprächspartnerinnen und -partner entgegenzuwirken.

Aus den oben ausgeführten Bedürfnissen und Anforderungen der hauptsächlich am Organspendeprozess beteiligten Personen und Institutionen leiten sich folgende, an die Medizinerinnen und Mediziner gerichtete, detaillierte Aufgaben für die Angehörigengespräche im Kontext der Organspende ab.

8.1 Koordination der Gesprächstermine

Abhängig vom aktuellen Zustand der Patientin oder des Patienten sind Angehörigengespräche mindestens zu den folgenden Anlässen erforderlich:

- bei infauster Prognose vor Beginn einer Diagnostik des irreversiblen Hirnfunktionsausfalls oder einer Therapieänderung,
- nach Feststellung des irreversiblen Hirnfunktionsausfalls und vor Beginn der Organspende oder der Therapiereduktion.

Die verantwortlichen Ärztinnen und Ärzte müssen bei der Terminplanung oft konkurrierende Interessen berücksichtigen (de Groot et al. 2014). Einerseits soll den Angehörigen eine ausreichende Zeit für die Verarbeitung des Todes und für die Entscheidungsfindung eingeräumt werden, andererseits sind aber auch medizinische, ethische, moralische und ökonomische Aspekte zu beachten.

8.2 Zusammenstellung der Teilnehmerinnen und Teilnehmer

Eine Aufgabe der zuständigen Ärztin oder des zuständigen Arztes ist es, ein in allen Belangen der Gesprächsführung, der medizinischen und pflegerischen Versorgung, des Prozesses der Organspende und der psychosozialen Hilfestellung kompetentes Team aus Klinikmitarbeitenden zusammenzustellen. Gesprächsführende sollten möglichst viele dieser Kompetenzen und zusätzlich unbedingt das Vertrauen der Angehörigen besitzen; idealerweise durch positive Vorgespräche. Die oder der Gesprächsführende sollte im Vorfeld des Gesprächs abklären, ob (mit Einverständnis der Angehörigen) Unterstützung von außerklinischen Expertinnen oder Experten erforderlich sein kann. Sollten beispielsweise die Transplantationsbeauftragten nicht in der Lage sein, die Kompetenz für Fragen des Organspendeprozesses abzudecken, könnte eine Mitarbeiterin oder ein Mitarbeiter der Deutschen Stiftung Organtransplantation zur Unterstützung hinzugezogen werden. Wichtig ist auch, für eine Konstanz in der Besetzung der Gesprächsrunden zu sorgen. In der Regel leiten die Transplantationsbeauftragten und/oder die Stationsärztinnen oder -ärzte, unterstützt von involvierten Pflegenden, die Gespräche. Bei der Zusammenstellung der Gesprächsrunden gilt es außerdem, die Kontinuität der anwesenden Angehörigen zu beachten. Sie sollte möglichst nicht durch Wechsel der Zuständigkeit nach Festlegung des Sterbezeitpunkts gefährdet sein.

8.3 Angebot psychosozialer Hilfestellungen an die Angehörigen

In Anbetracht der außergewöhnlichen Stresssituation sollten die verantwortlichen Ärztinnen und Ärzte den Angehörigen zu den Gesprächen psychosozialen Beistand anbieten. Dies können z. B. Mitarbeitende aus den Bereichen der Psychologie/Psychiatrie, Seelsorge, Kirche oder Ethik sein.

8.4 Schaffung einer angemessenen Gesprächsatmosphäre

Es ist von großer Relevanz, dass alle erforderlichen Informationen adäquat an die Angehörigen übermittelt und von diesen verstanden werden. Als wesentliche Grundlage für das Verständnis schafft die oder der Gesprächsführende durch das Angebot von Empathie, Ruhe und Zeit bei den Gesprächen eine geeignete Atmosphäre. Dies kann zu emotionaler Stabilität verhelfen und dazu beitragen, dass Affekte oder Ängste nicht Entscheidungen provozieren, die im Nachhinein von den Angehörigen nicht mehr getragen werden können. Die Ärztin oder der Arzt unterstützt damit auch die nachhaltige Zufriedenheit mit der getroffenen Entscheidung und trägt zur psychischen Gesundheit der Angehörigen in der Folgezeit bei (de Groot et al. 2014).

8.5   Information zum Zustand der Patientin oder des Patienten

Es gehört zu den Aufgaben der Gesprächsführung, den Angehörigen ein komplettes Bild zum aktuellen Zustand des sterbenden Menschen zu vermitteln oder vermitteln zu lassen. Gleiches gilt für die Prognose zum jeweiligen Zeitpunkt des Gesprächs. Besonderes Augenmerk sollte dabei auf das Erklären der Zustände „infauste Prognose" und „irreversibler Hirnfunktionsausfall" gelegt werden, um die erforderliche Richtungs-Entscheidung (Therapielimitierung vs. Organspende) abzusichern.

8.6   Feststellen des Patientenwillens und Information zur Option der Organspende

Die Ärztin oder der Arzt hat spätestens zum Zeitpunkt des nachgewiesenen irreversiblen Hirnfunktionsausfalls den Gesamtwillen der potenziellen Organspenderin oder des potenziellen Organspenders zu eruieren. Vor der Abänderung des Therapieziels müssen im Angehörigengespräch unbedingt folgende Punkte geklärt worden sein:

- Frage nach schriftlicher oder mündlicher Willensäußerung des oder der Verstorbenen zur Organspende
- Frage nach schriftlicher oder mündlicher Willensäußerung des oder der Verstorbenen zur Therapielimitierung
- Frage nach Aktualität der Willensäußerungen

Wann immer es die Umstände und die Verfassung der oder des nächsten Angehörigen erlauben, sollten diese Fragen bereits in einem früheren Angehörigengespräch, idealerweise nach Festlegen der infausten neurologischen Prognose oder bei vermutet schon eingetretenem Hirnfunktionsausfall, gestellt werden. In diesen Gesprächen benötigen die Angehörigen Informationen zu Möglichkeit, Zweck und Ablauf einer Organspende, um mit Unterstützung der Klinikmitarbeitenden die Gewichtung der Willensäußerungen zu Therapielimitierung und Organspende korrekt einordnen zu können. Auch bei schriftlich festgelegtem Organspendewunsch der oder des Verstorbenen ist eine derartige Aufklärung der Angehörigen erforderlich. Damit soll den Angehörigen die

Möglichkeit gegeben werden, einzuschätzen, ob die oder der Verstorbene zum Zeitpunkt der schriftlichen Festlegung einen adäquaten Kenntnistand zur Organspende hatte.

8.7 Beratung bei fehlenden Willensäußerungen des potenziellen Organspenders

Liegen keine Willensäußerungen der oder des Sterbenden vor, muss die oder der nächste Angehörige aus eigenem Ermessen und im Sinne der oder des Sterbenden über die Organspende entscheiden. Die oder der Gesprächsführende hat in dem Fall die folgenden Aufgaben zu erfüllen:

- Erläuterung des Entscheidungsprozesses zum weiteren Vorgehen
- Feststellung der oder des Entscheidungsberechtigten
  - Klärung der oder des Betreuungsbevollmächtigten
  - Erläuterung der gesetzlichen Rangfolge
  - Befragen zum Kontakt innerhalb der vergangenen zwei Jahre
  - Ggf. Hinweis auf Wechsel der oder des Entscheidungsberechtigten nach Feststellung des Sterbezeitpunktes
- Hinweis auf die Pflicht, den mutmaßlichen Willen der Spenderin oder des Spenders zu beachten
- Information über die Rechte der Angehörigen
  - Einsichtsrecht in die Akten, Berichte und Befunde zur Organspende
  - Rücktrittsrecht von der Entscheidung

Da die zu fällenden Entscheidungen in der Regel eine erhebliche Belastung für Angehörige darstellen, muss im Angehörigengespräch ein Beratungsangebot gemacht werden. Grundsätzlich soll darin vorausgeschickt werden, dass die Beratenden Verständnis für die schwierige Lage haben, keinerlei Druck in eine Richtung aufbauen möchten und jede Entscheidung akzeptieren. Durch diese ergebnisoffene Haltung soll den Angehörigen Sicherheit gegeben werden, ohne äußerlichen Druck die Entscheidung im Sinne der oder des Versterbenden zu fällen (DIVI 2015). Gesprächsführende tragen z. B. mit Fragen zu der sozialen Einstellung, zum Charakter und zu Gewohnheiten der oder des Versterbenden zur Entscheidungsfindung bei.

8.8 Aufklärung über die mit der Hirnfunktionsüberprüfung und Organspende verbundenen Risiken

Den Angehörigen muss vor deren Entscheidung auch über die Begleiteffekte und die Risiken, die damit verbunden sind, wenn es nach Feststellung der infausten Prognose nicht zur zeitnahen Einstellung der lebenserhaltenden Intensivtherapie kommt, berichtet werden. Im Gespräch zur Organspende muss erläutert werden, dass zur Durchführung der Hirnfunktionsdiagnostik Zeit benötigt wird, die eine nur ungenau vorhersagbare Verlängerung der Lebenszeit der oder des Sterbenden hervorruft. Dazu gehört auch der Hinweis, dass diese Lebensverlängerung trotz aller Mühe der Beteiligten mit einer Leidensverlängerung unklaren Ausmaßes verbunden sein kann.

Auch ist auf den sehr unwahrscheinlichen, aber nicht unmöglichen, Extremfall einer medizinischen Fehleinschätzung einzugehen, aus der heraus sich in der Zeit, in der versucht wird, die Hirnfunktionslosigkeit festzustellen, eine minimale, aber sehr wesentliche, Prognoseänderung entwickeln könnte. Dementsprechend müssen die Gesprächsführenden den Angehörigen das (äußerst geringe) Risiko verdeutlichen, dass derartige Prognoseänderungen ein Überleben auf minimalem neurologischen Niveau als schwerster Pflegefall ohne Möglichkeit der Selbstbestimmung zur Folge haben können und ein rasches Versterben dann möglicherweise nicht mehr unmittelbar absehbar ist.

8.9 Festlegen von Therapielimitationen im Falle der Entscheidung zugunsten einer Organspende

Begleitet wird eine Entscheidung für die Organspende immer von einer gemeinsamen Festlegung von Maßnahmen, die in der Zeit zwischen der Entscheidung und der Organentnahme durchgeführt werden dürfen und sollen. Zum einen soll damit eine von der potenziellen Organspenderin oder dem potenziellen Organspender nicht akzeptierte Dauer der weiteren Leidenszeit verhindert werden. Für die Angehörigen und das Intensivteam gleichermaßen kann es aber auch eine sehr hohe emotionale Belastung sein, wenn bei Menschen, die im Sterben liegen oder für die sogar schon ein Sterbezeitpunkt festgelegt wurde, eine Therapieeskalation, beispielsweise Reanimation, Herz-Lungen-Maschine oder Dialyse, durchgeführt werden soll. Gleiches gilt für eine unerwartet lang erforderliche Zeitdauer zum Nachweis des irreversiblen Hirnfunktionsausfalls. Aus diesen Gründen muss im Angehörigengespräch zur Organspende entschieden werden, welches Ausmaß der Eskalation im Sinne der potenziellen Organspenderin oder des -spenders akzeptabel wäre.

Literatur

Black, I. & Forsberg, L (2014). Would it be ethical to use motivational interviewing to increase family consent to deceased solid organ donation? (2013). *J Med Ethics. 2014 Jan, 40*(1), 63–8. https://doi.org/10.1136/medethics-2013-101451.

Bundesärztekammer (2020). Richtlinie gemäß § 16 Abs. 1 S. 1 Nr. 3 TPG zur ärztlichen Beurteilung nach § 9a Abs. 2 Nr. 1 TPG (RL BÄK Spendererkennung). https://www.bundesaerztekammer.de/fileadmin/user_upload/downloads/pdf-Ordner/RL/RiliSpendererkennung_2020-09-01.pdf. Zugegriffen: 8. März 2022.

Bundesgesetzblatt (1997). *Gesetz über die Spende, Entnahme und Übertragung von Organen und Geweben (Transplantationsgesetz – TPG).* Bundesgesetzblatt Jahrgang 1997 Teil I Nr. 74, ausgegeben zu Bonn am 11. November 1997. https://www.bgbl.de/xaver/bgbl/start.xav?start=%2F%2F%2A%5B%40attr_id%3D%27bgbl197s2631.pdf%27%5D#__bgbl__%2F%2F*%5B%40attr_id%3D%27bgbl197s2631.pdf%27%5D__1656954590798. Zugegriffen: 4. Juli 2022 [zitiert als: TPG, 1997].

Bundesgesetzblatt (2019). *Zweites Gesetz zur Änderung des Transplantationsgesetzes – Verbesserung der Zusammenarbeit und der Strukturen bei der Organspende (GZSO);* Bundesgesetzblatt Jahrgang 2019 Teil I Nr. 9, ausgegeben zu Bonn am 28. März 2019. https://www.bgbl.de/xaver/bgbl/start.xav?startbk=Bundesanzeiger_BGBl&start=%2F%2F%2A%5B%40attr_id=%27bgbl119s0352.pdf%27%5D#__bgbl__%2F%2F*%5B%40attr_id%3D%27bgbl119s0352.pdf%27%5D__1646762719375. Zugegriffen: 4. Juli 2022 [zitiert als: GZSO, 2019].

Bundesgesetzblatt (2020). *Gesetz zur Stärkung der Entscheidungsbereitschaft bei der Organspende,* Bundesgesetzblatt Jahrgang 2020 Teil I Nr. 13, ausgegeben zu Bonn am 19. März 2020. https://www.bgbl.de/xaver/bgbl/start.xav?startbk=Bundesanzeiger_BGBl&start=//*[@attr_id=%27bgbl120s0497.pdf%27]#__bgbl__%2F%2F*%5B%40attr_id%3D%27bgbl120s0497.pdf%27%5D__1646764008470. Zugegriffen: 4. Juli 2022 [zitiert als: GSEO, 2020].

de Groot, J., van Hoek, M., Hoedemaekers, C., Hoitsma, A., Smeets, W., Vernooij-Dassen, M. & van Leeuwen, E. (2015). Decision making on organ donation: the dilemmas of relatives of potential brain dead donors. *BioMed Central Medical Ethics 16*(1), 64. https://doi.org/10.1186/s12910-015-0057-1.

de Groot, J., Vernooij-Dassen, M., de Vries, A., Hoedemaekers, C., Hoitsma, A., Smeets, W. & van Leeuwen, E. (2014). Intensive care staff, the donation request and relatives' satisfaction with the decision: a focus group study. *BMC Anesthesiology 2014.* http://www.biomedcentral.com/1471-2253/14/52. Zugegriffen: 22.Dezember 2021.

Deutscher Ethikrat (2015). Hirntod und Entscheidung zur Organspende, Stellungnahme. https://www.ethikrat.org/fileadmin/Publikationen/Stellungnahmen/deutsch/stellungnahme-hirntod-und-entscheidung-zur-organspende.pdf. Zugegriffen: 10. Oktober 2021.

Deutsche Interdisziplinäre Vereinigung für Intensiv- und Notfallmedizin (2015). *Entscheidungen bei potenziellen Organspendern. Gemeinsames Positionspapier der Sektionen Ethik und Organspende und -transplantation der DIVI. 13.11.2015.* https://www.divi.de/empfehlungen/publikationen/viewdocument/66/entscheidungen-bei-potentiellen-organspendern. Zugegriffen: 11. Oktober 2021 [zitiert als: DIVI, 2015].

Deutsche Interdisziplinäre Vereinigung für Intensiv- und Notfallmedizin (2019). *Entscheidungshilfe bei erweitertem intensivmedizinischem Handlungsbedarf auf dem Weg zur Organspende. Positionspapier der Sektion Ethik und der Sektion Organspende und -transplantation der Deutschen Interdisziplinären Vereinigung für Intensiv- und Notfallmedizin (DIVI) unter Mitarbeit der Sektion Ethik der Deutschen Gesellschaft für Internistische Intensivmedizin und Notfallmedizin (DGIIN).* https://www.divi.de/empfehlungen/publikationen/viewdocument/4120/20190418-entscheidungshilfe-bei-erweitertem-intensivmedizinischem-behandlungsbedarf-zur-organspende. Zugegriffen: 11. Oktober 2021 [zitiert als: DIVI, 2019].

Deutsche Stiftung Organtransplantation (2020). Jahresbericht 2020, Organspende und Transplantation in Deutschland. https://dso.de/SiteCollectionDocuments/DSO-Jahresbericht%20 2020.pdf. Zugegriffen: 27. November 2021 [zitiert als: DSO, 2020].

Deutsche Stiftung Organtransplantation (2021). Bericht zur Tätigkeit der Entnahmekrankenhäuser, Berichtsjahr 2021 – Datenjahr 2020. https://dso.de/EKH_Statistics/EKH-Berichte-Bundesweit/2020/Deutschland_2020.pdf. Zugegriffen: 27. November 2021 [zitiert als: DSO, 2021].

Grammenos, D., Bein, T., Briegel, J., Eckardt, K.-U., Gerresheim, G., Lang, C., Nieß, C., Zeman, F. & Breidenbach, T. (2014). Einstellung von potenziell am Organspendeprozess beteiligten Ärzten und Pflegekräften in Bayern zu Organspende und Transplantation. *Dtsch Med Wochenschr 2014; 139*(24): 1289–1294. https://doi.org/10.1055/s-0034-1370107.

Lebertransplantierte Deutschland e.V. (2021). Was ich schon immer über Organspende wissen wollte. https://lebertransplantation.eu/organspende/organspende/was-ich-schon-immer-ueber-organspende-wissen-wollte#warumgibtesindeutschlandsowenigeorgane. Zugegriffen: 8. März 2022.

Dr. med. Frank Logemann ist Anästhesiologe, Intensivmediziner und Transplantationsbeauftragter an der Medizinischen Hochschule Hannover. Er lehrt und forscht in diesen Bereichen und ist Leiter des Netzwerks der Transplantationsbeauftragten Region NORD e.V.

„Mein Herz würde ich niemals hergeben." Ein Überblick über den Forschungsstand zu Befürchtungen und Vorbehalten gegenüber der Organspende in Deutschland

Ruth Denkhaus

Zusammenfassung

Der Beitrag bietet einen Überblick über den aktuellen Forschungsstand zu Befürchtungen und Vorbehalten gegenüber der Organspende in Deutschland. Dazu werden qualitative und quantitative Studien ausgewertet, die sich mit den Argumenten und Deutungsmustern von Personen befassen, die der Organspende skeptisch oder ablehnend gegenüberstehen, und die Befunde anhand der drei übergeordneten Themen „Misstrauen gegen das Transplantationssystem und seine Akteurinnen und Akteure", „Zweifel am Hirntod als Tod des Menschen" und „Bedenken rund um die Organspende als körperlichen Eingriff" dargestellt.

Die Originalversion des Kapitels wurde revidiert. Ein Erratum ist verfügbar unter
https://doi.org/10.1007/978-3-658-39233-8_10

Das Zitat im Kapiteltitel stammt aus einem Diskussions-Thread zur Organspende im Internet (zitiert nach Ahlert und Sträter 2020, S. 6; die Rechtschreibung wurde für den Zweck angepasst).

R. Denkhaus (✉)
Zentrum für Gesundheitsethik an der Ev. Akademie Loccum,
Hannover, Deutschland
e-mail: ruth.denkhaus@evlka.de

Schlüsselwörter

Organspende · Misstrauen · Hirntod · körperliche Unversehrtheit · Bedenken

1 Einleitung

Wenn man einschlägigen Umfragen glauben darf, ist die gesellschaftliche Wertschätzung für die Praxis der Organspende in Deutschland hoch. Bei der letzten Repräsentativbefragung der Bundeszentrale für gesundheitliche Aufklärung (BZgA) aus dem Jahr 2022 haben 84 % der Befragten angegeben, dass sie der postmortalen Organspende „eher positiv" gegenüberstehen.[1] Trotzdem bleibt die Zahl der realisierten Organspenden regelmäßig hinter den Erwartungen zurück und lag zuletzt mit 10,9 Spenderinnen und Spendern pro Million Einwohnerinnen und Einwohnern weit hinter der anderer europäischer Länder (DSO 2021, S. 70). Auch wenn die Gründe für den Rückgang der Organspenden in den letzten Jahren weniger mit einer sinkenden Spendenbereitschaft in der Bevölkerung als mit Erkennungs- und Meldedefiziten in den Entnahmekrankenhäusern zu tun haben (Schulte et al. 2018, 2019; Rahmel 2019), weist die immer wieder thematisierte Diskrepanz zwischen abstrakter Zustimmung zur Organspende und dokumentierter Spendenbereitschaft (2022: 84 % versus 44 %) darauf hin, dass die Haltung zur Organspende in der Bevölkerung ambivalenter ist, als die Zahlen vermuten lassen.

In der Gesundheitspsychologie werden schon seit mehreren Jahrzehnten Modelle entwickelt, die die Bereitschaft zur Organspende nach dem Tod zu erklären versuchen.[2] Im Anschluss an Parisi und Katz (1986) bzw. Cacioppo und Gardner (1993) wird dabei in der Regel angenommen, dass die Einstellung zur Organspende kein eindimensionales Konstrukt ist, sondern durch die Interaktion zweier voneinander unabhängiger Dimensionen – *prodonation* und *antidonation* – bedingt ist. Schulz und Koch (2005, S. 10) gehen davon aus, dass in Befragungen meistens nur der Aspekt der *prodonation* abgebildet wird. Damit die Dimension *prodonation* handlungswirksam wird, bedarf es nach Parisi und Katz (1986, S. 572 f.) jedoch zugleich einer geringen Ausprägung der Dimension *antidonation*. Oder in den Worten von Six und Hübner (2012, S. 65): „[E]ntscheidend ist nicht die positive Sicht der Organspende, sondern die Abwesenheit negativer Überzeugungen und Befürchtungen."

---

[1] Nur 6 % der Befragten haben angegeben, der Organspende „eher negativ" gegenüberzustehen, vgl. BZgA 2022, S. 2.

[2] Vgl. Horton und Horton 1991; Kopfman und Smith 1996; Skumanich und Kintsfather 1996; Radecki und Jaccard 1997; Morgan et al. 2002 sowie aus Deutschland u. a. Gold et al. 2001; Schulz et al. 2002; Keller et al. 2004; Hübner und Six 2005; Krampen und Junk 2006.

Im Folgenden soll der Versuch unternommen werden, einen Überblick über den aktuellen Forschungsstand zu Befürchtungen und Vorbehalten gegenüber der Organspende in Deutschland zu bieten. Dazu werden qualitative und quantitative Studien ausgewertet, die sich mit den Argumenten und Deutungsmustern von Personen befassen, die der Organspende skeptisch oder ablehnend gegenüberstehen. Zu nennen ist dabei insbesondere das sozialwissenschaftlich-ethische Forschungsprojekt „Ich möchte lieber nicht. Das Unbehagen mit der Organspende und die Praxis der Kritik", das in zwei Projektphasen von 2014 bis 2016 bzw. 2017 bis 2019 unter der Leitung von Frank Adloff und Silke Schicktanz durchgeführt worden ist. Auf der Basis des empirischen Materials aus insgesamt neun Fokusgruppendiskussionen und zwölf Einzelinterviews haben Pfaller et al. (2018) eine „Typologie des Zögerns und der Ablehnung" entwickelt, die vier Positionen (Informationsdefizit, Misstrauen, Tötungsverbot und körperliche Unversehrtheit) umfasst.[3] Das Forschungsprojekt bietet wertvolle Einblicke in die Argumente und das Selbstverständnis von Personen, die der Organspende skeptisch oder ablehnend gegenüberstehen. Über die schlichte Feststellung hinaus, dass fehlende Informationen und Misstrauen nicht die einzigen Gründe sind, die Menschen davon abhalten, einer Organspende nach dem Tod zuzustimmen (Pfaller et al. 2018, S. 1327), lässt der qualitative Ansatz des Projektes jedoch keine Rückschlüsse auf die Verbreitung bestimmter Einwände oder Argumente in der Bevölkerung zu.

Hierzu bedarf es einer Ergänzung durch quantitative Daten wie die der Repräsentativbefragungen der Bundeszentrale für gesundheitliche Aufklärung (BZgA). Die BZgA führt seit 2008 in zweijährigem Abstand standardisierte Befragungen durch, in denen nicht nur der Wissensstand und die Einstellung der Bevölkerung zu unterschiedlichen Aspekten der Organspende erfasst werden, sondern auch die Gründe, aus denen die Befragten einer Organspende zustimmen oder sie ablehnen.[4] Bis einschließlich 2014 wurden dazu geschlossene Fragen mit vorgegebenen

---

[3] Das Interesse der Projektpartnerinnen und -partner gilt dabei vor allem der Frage, welche Formen der Kritik Eingang in den öffentlichen Diskurs finden und welche als „emotional" bzw. „irrational" daraus ausgeschlossen werden (Pfaller et al. 2018, S. 1331, 1339–1342; Adloff und Hilbrich 2019; Adloff und Pfaller 2017). Im Zentrum ihrer Aufmerksamkeit stehen daher Formen des Unbehagens, die sich auf körperanthropologische Vorstellungen berufen und sich damit „im Grenzbereich des Sagbaren" (Pfaller et al. 2018, S. 1341) bewegen, während die Positionen des Informationsdefizites und des Misstrauens als „diskursinterne" Formen der Kritik an der Organspende (Adloff und Hilbrich 2019, S. 105), die auch von öffentlicher Seite als Erklärungsmuster für die sinkende Spendenbereitschaft herangezogen werden, weniger Beachtung finden.

[4] Befragt wurde jeweils eine repräsentative Stichprobe (n ≥ 4.000) der deutschsprachigen Bevölkerung von 14 bis 75 Jahren.

Antwortmöglichkeiten verwendet, die ein relativ breites Spektrum möglicher Gründe abdecken und einen guten Eindruck von der relativen Bedeutung unterschiedlicher Einwände und Bedenken vermitteln.[5]

Neben diesen beiden Untersuchungen bzw. Untersuchungsreihen werden zwei aktuelle Studien aus Halle ausgewertet: eine kleinere qualitative Studie, die Diskussionsbeiträge zum Thema Organspende aus Diskussionsforen im Internet analysiert (Ahlert und Sträter 2020; Köhler und Sträter 2020),[6] und eine Online-Umfrage zum Thema „Gründe und Einflussfaktoren für die Bereitschaft zur Dokumentation von Präferenzen bezüglich Organspende" (Schildmann et al. 2022).[7] Wo dies für die Einordnung der Ergebnisse oder für ein vertieftes Verständnis bestimmter Themen oder Argumente sinnvoll erscheint, werden ergänzend weitere Studien – z. T. auch aus anderen Ländern – herangezogen.

Die Darstellung der Befunde erfolgt anhand einer übergeordneten Kategorisierung, die an die Ergebnisse verschiedener nationaler (Pfaller et al. 2018; Ahlert und Sträter 2020; Köhler und Sträter 2020) und internationaler Studien (u. a. Parisi und Katz 1986; Morgan et al. 2008; Newton 2011; Irving et al. 2012) anknüpft und geeignet scheint, die meisten Einwände und Bedenken zu erfassen, die in qualitativen und quantitativen Studien aus Deutschland begegnen:[8]

---

[5] Seit 2016 ist die entsprechende Frage als offene Frage formuliert; für die Auswertung der Ergebnisse werden die Antworten bestimmten Kategorien zugeordnet und – ebenso wie von 2008 bis 2014 – nach ihrer prozentualen Verteilung dargestellt. Damit ist zwar sichergestellt, dass die Befragten nicht durch vorgegebene Antwortmöglichkeiten beeinflusst werden; die Kategorien sind jedoch so vage formuliert, dass sich nicht mehr nachvollziehen lässt, welche konkreten Einwände und Bedenken sich dahinter verbergen.

[6] Untersucht wurden vier Diskussionsthreads von vier unterschiedlichen, nicht speziell auf medizinische Themen zugeschnittenen Plattformen (Kleiderkreisel, Spiegel Online, Tagesschau, Deutsches Seniorenportal), wobei nach Ausschluss von Off-Topic-Beiträgen und Redundanzen insgesamt rund 350 Posts in die weiterführende Analyse eingeflossen sind.

[7] Diese Studie ist zwar nicht repräsentativ (angeschrieben und zur Teilnahme eingeladen wurden Personen im Alter von 20 bis 79 Jahren aus Berlin und Sachsen-Anhalt, wovon 676 teilgenommen haben), ansonsten jedoch sehr ähnlich aufgebaut wie die (älteren) BZgA-Befragungen (nahezu wortgleiche Antwortmöglichkeiten; Mehrfachauswahl möglich) und kann daher gut zum Vergleich herangezogen werden. Die Erhebung der Daten erfolgte im Winter 2019/2020.

[8] Zwei in den BZgA-Befragungen bzw. bei Schildmann et al. (2022) begegnende Gründe gegen eine Organspende, die sich nicht oder zumindest nicht ohne weiteres den genannten Kategorien zuordnen lassen, sind „Ich will nicht riskieren, dass jemand meine Organe erhält, der es meiner Meinung nach nicht verdient hätte" (BZgA 2014, S. 39; Schildmann et al. 2022) und „Man soll der Natur ihren Lauf lassen" (BZgA 2008, S. 7, 2010, S. 45). Im Rahmen der vorliegenden Überblicksdarstellung sind diese beiden Themen nicht aufgegriffen worden, weil die Materialbasis dafür zu schmal war.

- *Misstrauen gegen das Transplantationssystem und seine Akteurinnen und Akteure* umfasst Ängste und Befürchtungen, die sich auf ärztliches Fehlverhalten, Regelverletzungen, ungesetzliche Praktiken, Korruption etc. beziehen. Sie richten sich nicht auf die Organtransplantation als solche, sondern auf (vermeintliche) Missstände und Missbräuche im Zusammenhang mit der Organentnahme und -vergabe.
- *Zweifel am Hirntod als Tod des Menschen:* Dieser Einwand, der in internationalen Studien tendenziell dem Themenkomplex „Misstrauen" zugeordnet ist, wird hier im Anschluss an Pfaller et al. (2018) separat behandelt, weil eine einfache Subsumtion unter das Thema „Misstrauen" ignorieren würde, dass die Hirntodkonzeption als Voraussetzung der postmortalen Organtransplantation anthropologisch voraussetzungsreich und auch unter Fachvertreterinnen und -vertretern aus Ethik und Rechtswissenschaften umstritten ist.
- *Bedenken rund um die Organspende als körperlichen Eingriff* dient als Überbegriff für Einwände, die bei der Organtransplantation selbst sowie ihren notwendigen Voraussetzungen und Konsequenzen (z. B. der fortgesetzten künstlichen Beatmung des Spenders) ansetzen. Dazu zählen vor allem Vorbehalte gegenüber der Organspende, die mit dem Wunsch nach ungestörtem Sterben und körperlicher Unversehrtheit über den Tod hinaus zu tun haben, aber auch eher viszerale Abwehrreaktionen gegenüber der Vorstellung, dass die Organe eines Verstorbenen in einem anderen Menschen „weiterleben".

2 Befürchtungen und Vorbehalte gegenüber der Organspende in Deutschland: Ein systematischer Überblick

2.1 Misstrauen gegen das Transplantationssystem und seine Akteurinnen und Akteure

Die Bedeutung von Vertrauen in das Transplantationssystem und seine Akteurinnen und Akteure als Voraussetzung der Spendenbereitschaft ist vor allem im Zusammenhang mit den 2012 aufgedeckten Richtlinienverstößen bei der Wartelistenführung an mehreren deutschen Transplantationszentren in den Fokus der Aufmerksamkeit gerückt. Die Deutsche Stiftung Organtransplantation (DSO) hat den Rückgang der Spenderzahlen in den Folgejahren auf die Verunsicherung in der Bevölkerung und der Ärzteschaft angesichts der bekanntgewordenen Manipulationen zurückgeführt (DSO 2013, S. 2, 2014, S. 4). Ob der sogenannte Transplantationsskandal tatsächlich für die auffallend niedrigen Spenderzahlen in den Jahren

2013 bis 2017 verantwortlich ist, ist zwar umstritten;[9] dass eine medizinisch komplexe, in ihren Details (z. B. im Blick auf die Voraussetzungen einer Organentnahme) für Laien nur schwer nachvollziehbare Praxis wie die Organtransplantation auf ein hohes Maß an Vertrauen in die handelnden Akteurinnen und Akteure und das System insgesamt angewiesen ist, liegt jedoch nahe. Hinzu kommt, dass die Transplantationsmedizin durch die natürliche Knappheit ihrer zentralen Ressource von strukturellen Interessenkonflikten geprägt ist, die entsprechende Missbrauchspotenziale nach sich ziehen. Durch die im Transplantationsgesetz von 1997 vorgesehene organisatorische Trennung der Verantwortungsbereiche Organentnahme, Organvermittlung und Organübertragung sollen diese Interessenkonflikte zwar neutralisiert und Missbräuche verhindert werden.[10] Empirische Studien weisen jedoch darauf hin, dass ein erheblicher Teil der Bevölkerung die gesetzliche Regulierung und staatliche Kontrolle der Organtransplantation für unzureichend hält.[11]

Die Bedeutung von Ängsten, die sich auf ärztliches Fehlverhalten und organisatorische Missstände im Zusammenhang mit der Organtransplantation richten, ist international und in Deutschland vergleichsweise gut untersucht. Ein zentrales Thema in vielen Studien ist die Sorge, dass sich die ärztliche Aufmerksamkeit vom Spender auf den Empfänger verschieben und der Spender selbst nicht mehr optimal versorgt oder sogar vorzeitig für tot erklärt werden könnte. In einer Metasynthese der internationalen qualitativen Literatur zur Wahrnehmung der postmortalen Organspende in der Allgemeinbevölkerung bezeichnet Newton (2011) die „unethische Gewinnung von Organen durch medizinische Fachkräfte" (bzw. die Furcht davor) als eine der beiden am häufigsten identifizierten Hinderungsgründe für eine Organspende.[12] Wie der Interessenkonflikt zwischen Lebensrettung und Organgewinnung von den Befragten imaginiert wird, illustriert ein Zitat aus einer neueren Interviewstudie aus Großbritannien:

---

[9] Vgl. kritisch zu dieser Annahme Pfaller et al. 2018, S. 1328 (mit Verweis darauf, dass der Rückgang der Spenderzahlen bereits 2010 eingesetzt hat).

[10] Zum Anliegen der Trennung der Verantwortungsbereiche vgl. BT-Drs. 13/4355, S. 11, 14.

[11] In einer repräsentativen Bevölkerungsbefragung aus dem Jahr 2013 haben 59 % der Befragten angegeben, die gesetzliche Regelung der Organtransplantation nicht für ausreichend zu halten; 65 % waren der Auffassung, dass die Organspende nicht ausreichend staatlich kontrolliert wird (Kahl und Weber 2017, S. 155).

[12] Der andere der beiden am häufigsten identifizierten Hinderungsgründe war das Bedürfnis, die eigene körperliche Unversehrtheit zu wahren, um den (ungestörten) Übergang ins Jenseits sicherzustellen („the need to maintain bodily integrity to safeguard progression into the afterlife"; Newton 2011, S. 9).

> „I have the fear that if somebody needs an organ and somebody's sitting there you know kinda in deaths door and somebody else needs an organ then they might make a call that well y' know rather than save this 45 year olds life then we could let this person just go gently and this young 18 year old who's desperate for a heart here could get it." (Miller et al. 2020, S. 265)

Auch in Deutschland spielen entsprechende Befürchtungen eine Rolle. Die jüngsten Repräsentativbefragungen der BZgA zeigen zwar, dass insgesamt nur eine kleine Minderheit der Befragten „geringes" oder „eher geringes" Vertrauen in die Priorität der Lebensrettung des potenziellen Spenders hat (2016: 10 %, 2018: 9 %, 2020: 7 %).[13] Unter den Gründen für die Ablehnung einer Organspende rangieren spender- bzw. entnahmebezogene Ängste jedoch relativ weit oben. In den Befragungen der Jahre 2008, 2010, 2012, 2013 und 2014 war als Antwortmöglichkeit auf die Frage „Welche Gründe sprechen für Sie dagegen, sich einen Organspendeausweis zu besorgen?" bzw. „Welche Gründe sprechen für Sie persönlich gegen eine Organspende?" u. a. die Aussage „Ich habe Angst, dass von den Ärzten nicht mehr alles für mich getan wird, wenn ein Organspendeausweis vorliegt" und ab 2012 zusätzlich die Aussage „Organe und Gewebe könnten vor meinem Tod entnommen werden" vorgegeben. Die Zustimmungswerte für die erste Aussage lagen 2008 und 2010 bei 35 % bzw. 33 % und ab 2012 (also nach Bekanntwerden der Manipulationen bei der Wartelistenführung) zwischen 43 % und 52 %, die Zustimmungswerte für die zweite Aussage zwischen 32 % und 35 %.[14] In der Befragung von Schildmann et al. (2022) haben 43,2 % derjenigen, die keine Organe spenden wollen oder diesbezüglich unsicher sind, ihre Zurückhaltung mit der Befürchtung begründet, dass medizinisch nicht mehr alles für sie getan werden könnte.[15]

---

[13] BZgA 2016, S. 70 f., 2018, S. 117 f., 2020, S. 108. Die Frage wird erst seit 2016 gestellt, so dass sich zu den Jahren davor keine Angaben machen lassen.

[14] BZgA 2008, S. 7, 2010, S. 45, 2012, S. 57, 2013, S. 56, 2014, S. 39 bzw. Tackmann und Dettmer 2018, S. 122. Die Prozentangaben beziehen sich hier und im Folgenden (wenn nicht anders kenntlich gemacht) auf die Untergruppe der Befragten, die keinen Ausweis haben und sich auch keinen besorgen wollen (2008 und 2010) bzw. auf die Untergruppe der Befragten, die nicht mit einer Organ- oder Gewebespende einverstanden wären (2012, 2013 und 2014). Für das Jahr 2014 wird dabei ergänzend zum Bericht der BZgA auf die Sekundärauswertung der Daten durch Tackmann und Dettmer (2018) zurückgegriffen.

[15] Schwettmann (2015) und Uhlig et al. (2015) konnten ebenfalls einen statistisch signifikanten Zusammenhang zwischen der Furcht, dass die Lebensrettung eines potenziellen Organspenders oder einer potenziellen Organspenderin im Konfliktfall in den Hintergrund treten könnte, und der Bereitschaft zur Organspende belegen.

Ängste rund um die Organentnahme sind insofern nachvollziehbar, als sie sich
auf (vermeintliche) Schadenspotenziale für die Spenderinnen und Spender selbst
beziehen. Menschen, die einer Organspende zurückhaltend oder ablehnend gegenüberstehen, vermuten jedoch nicht nur Fehler, Regelverletzungen oder missbräuch-
liches Verhalten bei der Organentnahme, sondern auch bei der Organvergabe. Auffällig ist dabei vor allem, wie viele Bürgerinnen und Bürger ihre Ablehnung einer
Organspende mit der Sorge vor Organhandel begründen. In den Repräsentativbefragungen der BZgA hat die Aussage „Ich fürchte den Missbrauch durch Organhandel" als Antwort auf die Frage „Welche Gründe sprechen für Sie persönlich
gegen eine Organspende?" von 2008 bis 2014 durchgängig die höchsten Zustimmungswerte erzielt (2008: 55 %, 2010: 47 %, 2012: 67 %, 2013: 61 %, 2014:
60 %),[16] wobei auch hier – ähnlich wie bei den spender- bzw. entnahmebezogenen
Ängsten – ab 2012 zunächst ein deutlicher Anstieg zu verzeichnen war. Auch in der
(nicht-repräsentativen) Befragung von Schildmann et al. (2022) war „Ich fürchte
den Missbrauch durch Organhandel" mit 46 % die am häufigsten gewählte Antwort
auf die Frage nach den Gründen für eine Ablehnung der Organspende. Da die
Frage, ob Organ- und Gewebehandel in Deutschland erlaubt ist, in den
BZgA-Befragungen fast durchgängig korrekt beantwortet wird,[17] scheint die Sorge
vor Organhandel tatsächlich weniger auf Unkenntnis der Rechtslage als auf man-
gelndem Vertrauen in die Durchsetzung der geltenden Regeln zu beruhen.[18]

Ein weiteres Thema, das vor allem in jüngeren Befragungen beleuchtet worden
ist, betrifft die Gerechtigkeit der Organverteilung. 2016 haben insgesamt 40 % der
von der BZgA zum Thema Organspende Befragten Zweifel daran geäußert, dass
nach dem Tod gespendete Organe in Deutschland gerecht verteilt werden; 2018
und 2020 waren es immerhin noch 33 % bzw. 24 %.[19] Gleichzeitig haben 2013 und
2014 (in den Jahren davor stand die entsprechende Antwort noch nicht zur Auswahl) 53 % bzw. 55 % derjenigen, die eine Organspende ablehnen, dies unter anderem mit der Sorge begründet, dass Organe nicht gerecht verteilt werden.[20] Auch

---

[16] BZgA, 2008, S. 7, 2010, S. 45, 2012, S. 57, 2013, S. 56, 2014, S. 39 bzw. Tackmann und
Dettmer 2018, S. 122.

[17] 2010: 87 % richtige Antworten, 2012: 93 % richtige Antworten, seit 2013: mehr als 95 %
richtige Antworten.

[18] Vgl. zu dieser Einschätzung auch BZgA 2013, S. 17.

[19] BZgA 2016, S. 67, 2018, S. 116, 2020, S. 107. Die Frage wird erst seit 2016 gestellt, so
dass sich zu den Jahren davor keine Angaben machen lassen. Andere Befragungen aus den
Jahren unmittelbar nach dem Bekanntwerden der Wartelisten-Manipulationen haben zu noch
deutlich höheren Werten geführt. Vgl. Kahl und Weber 2017, S. 155; Schicktanz et al.
2017, S. 251.

[20] BZgA, 2013, S. 56, 2014, S. 39; bzw. Tackmann und Dettmer 2018, S. 122.

hier zeigt sich also, dass Befürchtungen im Blick auf unlautere Praktiken bei der Organvergabe weiter verbreitet sind und von Skeptikerinnen und Skeptikern häufiger zur Erklärung ihrer ablehnenden Haltung herangezogen werden als die – *prima facie* rationalere – Sorge vor Risiken und Nachteilen für die eigene Person.

Für die Einstellung zur Organspende und die Spendenbereitschaft scheint die Frage, ob das Transplantationssystem und seine Akteurinnen und Akteure insgesamt als vertrauenswürdig, transparent und gerecht wahrgenommen werden, also eine zentrale Rolle zu spielen. Dies wird auch durch die vorhandenen qualitativen Studien bestätigt, die zeigen, dass Kritikerinnen und Kritiker der Organspende nicht nur spezifische Missstände bzw. Missbräuche vermuten, sondern diese auf fragwürdige Motive wie Prestige- und Gewinnstreben zurückführen und dem System insgesamt Fehlanreize und Korruption unterstellen. In den von Pfaller et al. (2018) durchgeführten Fokusgruppen werden fehlgeleiteter wissenschaftlicher Ehrgeiz und Gier als treibende Faktoren hinter einem System diskutiert, in dem das Patientenwohl unterzugehen droht:

> „I sometimes have a hunch that there is some kind of competition. Who can transplant the most? Who is the most sophisticated? What are the performance goals? How far can I reach? What can I publish? And I doubt that this is all about what benefits patients." (Pfaller et al. 2018, S. 1335)

> „If greed is involved – and I really think it is – there is corruption. Whenever there is a chance to make big money, man becomes unstable." (Pfaller et al. 2018, S. 1335)

> „But with all of the schemes for making money, there is always corruption, always. […] If there is a chance to manipulate, there will be manipulation." (Pfaller et al. 2018, S. 1335)

Dem Organspendesystem wird wegen mangelnder Transparenz und einer befürchteten „Klassengesellschaft" die Unterstützung versagt:

> „This should be an honest, clear and transparent business. Where do the organs go? Is it fair, or do only fat purses get organs? Are there first, second and third-class patients? All of this has to be transparent before I can say, ‚Yes, count me in'!" (Pfaller et al. 2018, S. 1335)

Auch in den von Ahlert und Sträter bzw. Köhler und Sträter ausgewerteten Diskussionsthreads im Internet schätzen Schreibende, die der Organspende skeptisch oder ablehnend gegenüberstehen, sowohl Krankenhäuser als auch das Organspendesystem generell als korruptionsanfällig ein (Ahlert und Sträter 2020, S. 5). Im Hintergrund steht dabei nicht nur ein generalisiertes Misstrauen gegen die Transplantationsmedizin, sondern gegen den „neoliberalen Staat" insgesamt:

„Wenn ich wüsste, dass meine Organe an die wirklich bedürftigen (sic!) gehen, würde ich sie spenden. Aber wir leben in einem neoliberalen Staat, in dem es nur um Geld geht – man sich für Geld alles kaufen kann, oder eben wenn man keines hat – nichts kaufen kann." (Köhler und Sträter 2020, S. 141)

Wie sich beim Thema Hirntod noch zeigen wird, begegnet in den Diskussionsbeiträgen auch der verschwörungstheoretische Topos des Betruges bzw. der Verheimlichung. Insgesamt weisen die vorhandenen qualitativen Studien darauf hin, dass spezifische Befürchtungen – bspw. die Angst, als Organspenderin oder -spender keine ausreichende medizinische Versorgung mehr zu erhalten, oder die Sorge vor Missbrauch durch Organhandel – Ausdruck eines tiefer sitzenden Misstrauens sind, das sich auf Institutionen und die sie Repräsentierenden insgesamt richtet. Es ist daher unklar, wieviel die immer wieder geforderte „verbesserte Aufklärung" (z. B. über die organisatorische Trennung von Organentnahme, Organvermittlung und Organübertragung oder die mittlerweile etablierten Mechanismen zur Kontrolle der Wartelistenführung) tatsächlich dazu beitragen kann, die genannten Befürchtungen abzubauen.

Inwieweit Vorbehalte gegenüber der Organspende in Deutschland oder in anderen Ländern (zumindest teilweise) auch einen anti-elitistischen, systemkritischen Hintergrund haben, lässt sich mangels belastbarer empirischer Evidenz zwar nicht sagen.[21] Angesichts der Parallelen zwischen Organspende und Impfungen – bei beiden geht es um einen körperlichen Eingriff, der nicht bzw. nicht nur den Betroffenen zugutekommt, sondern anderen Personen bzw. der Allgemeinheit und deswegen von staatlicher Seite bzw. von Seiten des Gesundheitssystems in besonderer Weise beworben wird – wäre eine solche Vermutung jedoch nicht ganz abwegig. Zumindest könnte es lohnend sein, der Frage nach Zusammenhängen und Gemein-

---

[21] Auch wenn die Materialbasis für weiterreichende Schlussfolgerungen zu schmal ist, liegt ein Vergleich mit dem Thema Impfskepsis (*vaccine hesitancy*) und Impfbereitschaft nahe. Zum Zusammenhang zwischen Impfbereitschaft und Vertrauen in Ärztinnen und Ärzten bzw. in das Gesundheitssystem lagen bereits vor der Corona-Pandemie umfangreiche Daten vor (Betsch et al. 2018). Im Kontext der Corona-Pandemie sind darüber hinaus zahlreiche Studien durchgeführt worden, die einen Zusammenhang zwischen Impfskepsis und Misstrauen gegen die Regierung oder staatliche Institutionen (Fobiwe et al. 2022; Jennings et al. 2021; Schernhammer et al. 2022) sowie zwischen Impfskepsis und Glauben an Verschwörungstheorien (Farhart et al. 2022; Haug et al. 2021; Jennings et al. 2021; Jensen et al. 2021) belegen. Stoeckel et al. (2022) konnten anhand einer Auswertung von Daten des Eurobarometers 2019 zeigen, dass Impfskepsis in Europa mit anti-elitistischen Weltanschauungen assoziiert ist. Sie ziehen daraus den Schluss, dass Public-Health-Maßnahmen zur Steigerung der Impfbereitschaft nicht nur Fehlvorstellungen im Blick auf die Risiken von Impfungen adressieren, sondern auch die dahinterstehende Weltanschauung berücksichtigen und auf breitere gesellschaftliche Anliegen eingehen sollten.

samkeiten zwischen Impfskepsis und Skepsis gegenüber der Organspende in zukünftigen Studien genauer nachzugehen.[22]

2.2   Zweifel am Hirntod als Tod des Menschen

Die Praxis der postmortalen Organspende basiert auf der so genannten Hirntodkonzeption, d. h. auf der Annahme, dass ein Mensch tot ist, wenn seine Hirnfunktionen irreversibel ausgefallen sind (Birnbacher et al. 1993). Diese Konzeption wird in Deutschland u. a. von der Bundesärztekammer (BÄK 1993) und den einschlägigen medizinischen Fachgesellschaften (DGNC et al. 2012) vertreten und liegt zumindest implizit auch dem Transplantationsgesetz zugrunde. Nach § 3 Abs. 1 Satz 1 Nr. 2 TPG ist eine (postmortale) Organentnahme nämlich nur zulässig, wenn „der Tod des Organ- oder Gewebespenders nach Regeln, die dem Stand der Erkenntnisse der medizinischen Wissenschaft entsprechen, festgestellt ist", und nach § 3 Abs. 2 Nr. 2 ist sie zugleich unzulässig, wenn

> nicht vor der Entnahme bei dem Organ- oder Gewebespender der endgültige, nicht behebbare Ausfall der Gesamtfunktion des Großhirns, des Kleinhirns und des Hirnstamms nach Verfahrensregeln, die dem Stand der Erkenntnisse der medizinischen Wissenschaft entsprechen, festgestellt ist.

Das Transplantationsgesetz legt also fest, dass der Spender bzw. die Spenderin tot sein muss, bevor Organe entnommen werden dürfen, und schreibt zugleich ausdrücklich die Feststellung des irreversiblen Hirnfunktionsausfalls („Hirntod")[23] als Voraussetzung für eine postmortale Organentnahme vor.

Die Hirntodkonzeption ist in der internationalen wissenschaftlichen Diskussion jedoch keineswegs umstritten. Deutschland gehört dabei zu den Ländern, in denen das Verhältnis von Hirntod und Tod des Menschen besonders intensiv und kontrovers debattiert worden ist. Als das Transplantationsgesetz 1997 verabschiedet wurde, haben rund ein Drittel der Abgeordneten für einen Änderungsan-

---

[22] Zum Zusammenhang zwischen Impfbereitschaft und Bereitschaft zur Organspende vgl. Inoue 2022, der für die OECD-Staaten eine positive Korrelation zwischen Fortschritten bei der Corona-Impfung und Organspenderate nachweisen konnte.

[23] Die beiden Begriffe „Hirntod" und „irreversibler Hirnfunktionsausfall" werden im Folgenden austauschbar verwendet. Die Bundesärztekammer verzichtet in ihren Richtlinien seit der vierten Fortschreibung vom März 2015 auf den Ausdruck „Hirntod" und verwendet nur noch den Ausdruck „irreversibler Hirnfunktionsausfall" (vgl. BÄK 2015, S. 16). In den für diesen Artikel ausgewerteten sozialempirischen Studien ist – ebenso wie in zahlreichen anderen Publikationen zum Thema – jedoch weiterhin von „Hirntod" die Rede.

trag gestimmt, der auf der Annahme basierte, dass der Hirntod nicht den Tod des Menschen, sondern lediglich einen „point of no return" innerhalb des Sterbeprozesses anzeigt (BT-Drs. 13/8025, S. 5; Plenarprotokoll 13/183, S. 16453). Die Unterstützerinnen und Unterstützer dieses Änderungsantrages wollten die Organentnahme nach irreversiblem Hirnfunktionsausfall nicht verbieten, diesen aber von einem „sicheren Todeszeichen" zu einem bloßen „Entnahmekriterium" herabstufen (BT-Drs. 13/8025, S. 6). Der Abstimmung über die konkurrierenden Gesetzesentwürfe war eine kontroverse Debatte vorangegangen (vgl. Hoff und in der Schmitten 1995), die vor etwa zehn Jahren nochmal eine gewisse Neuauflage erfahren hat.[24] Anlass war ein *White Paper* des US-amerikanischen *President's Council on Bioethics* von 2008, das die traditionelle medizinphilosophische Begründung für die Hirntodkonzeption, wie sie von James Bernat und Kollegen (1981) formuliert worden ist, einer kritischen Überprüfung unterzogen hat (President's Council on Bioethics 2008). Der Deutsche Ethikrat hat diese Debatte aufgegriffen und 2015 eine Stellungnahme veröffentlicht, die die Argumente für und gegen die Hirntodkonzeption differenziert und umfassend darstellt (Deutscher Ethikrat 2015).

Neben dieser eher akademischen Debatte gibt es in Deutschland auch eine starke Tradition der gesellschaftlichen und medialen Kritik an der Hirntodkonzeption, die sich häufig aus Erfahrungen persönlicher Betroffenheit speist. An erster Stelle ist hier die Initiative „Kritische Aufklärung über Organtransplantation e.V." (KAO 2022) zu nennen, die u. a. das Ziel verfolgt, „über die medizinischen und ethischen Probleme des so genannten Hirntodes aufzuklären" und den Hirntod bereits auf der Startseite ihres Internetauftritts als „Tod bei lebendigem Leib" bezeichnet. Auch Internetseiten wie www.oganspende-aufklaerung.de und www.transplantation-information.de, die sich kritisch mit der Organspende auseinandersetzen, richten den Fokus vor allem auf die Hirntodkonzeption.[25] Es ist daher nicht überraschend, wenn das Thema „Hirntod" in empirischen Studien zur Organspendenbereitschaft in Deutschland eine besondere Rolle spielt.

Die Repräsentativbefragungen der BZgA enthalten seit 2008 Fragen zum Hirntod, die zunächst durchgängig als Wissensfragen konzipiert waren und in erster Linie auf Konsequenzen des irreversiblen Hirnfunktionsausfalls („Kann eine hirn-

---

[24] Vgl. u. a. Stoecker 2009; Müller 2010; Birnbacher 2012; Denkhaus und Dabrock 2012 sowie die Beiträge in Hilpert und Sautermeister 2015; Körtner et al. 2016.

[25] Pfaller et al. (2018) weisen darüber hinaus auf die Facebook-Gruppe „Organspende – nein danke" hin (https://de-de.facebook.com/groups/organspende.aufklaerung/). Die Gruppe hat aktuell (Stand 6. Juli 2022) 1120 Mitglieder.

tote Person wieder ein normales Leben führen?") zielten.[26] Seit 2014 wird zusätzlich nach der persönlichen Einstellung zur Hirntodkonzeption („Ist für Sie persönlich der Hirntod der endgültige Tod eines Menschen oder nicht?") gefragt.[27] Die Ergebnisse zeigen, dass rund ein Viertel der Befragten (2014: 22 %, 2016: 29 %, 2018: 27 %, 2020: 25 %) den Hirntod nicht für den Tod des Menschen halten (BZgA 2014, S. 65, 2016, S. 76, 2018, S. 115, 2020, S. 106).[28] Bei den Jüngeren ist dieser Wert noch höher: Von den 14- bis 25-jährigen haben rund 35 % (2014: 34 %, 2016: 38 %, 2018: 36 %, 2020: 34 %) die Frage verneint. Dies steht im Einklang mit den Ergebnissen einer Befragung von Studierenden der Medizin und der Wirtschaftswissenschaften aus den Jahren 2008/2009 sowie 2014/2015, bei der 32 % der Befragten der Aussage „Auch wenn das Gehirn irreversibel geschädigt ist, ist eine Person nicht tot, solange die anderen Organe noch funktionieren", zugestimmt haben.[29] In der Studie von Schildmann et al. (2022) haben zwar nur 11,1 % der Befragten die Aussage „Für mich ist der Hirntod gleichbedeutend mit dem Tod des Menschen." abgelehnt. Zugleich lag der Anteil derjenigen, die unsicher waren, mit

---

[26] Aus einer verneinenden Antwort auf diese Frage ist dabei von der BZgA geschlossen worden, dass die Betroffenen die Hirntodkonzeption akzeptieren (vgl. BZgA 2010, S. 20). Kahl und Weber (2017, S. 141) haben dagegen zurecht darauf hingewiesen, dass man die Frage verneinen und trotzdem der Auffassung sein kann, dass ein Mensch mit irreversiblem Hirnfunktionsausfall nicht endgültig tot ist.

[27] Seit 2016 werden die Wissensfragen außerdem präziser formuliert („Kann Ihrer Meinung nach eine hirntote Person wieder erwachen oder ist das nicht möglich?" und „Kann Ihrer Meinung nach eine hirntote Person Schmerz empfinden oder ist das nicht möglich?"), so dass das Verständnis der Konsequenzen des irreversiblen Hirnfunktionsausfalls klarer von der Einstellung zur Hirntodkonzeption abgegrenzt werden kann.

[28] Inwieweit Zweifel an der Hirntodkonzeption auf Fehlannahmen zu den Konsequenzen des irreversiblen Hirnfunktionsausfalls beruhen, ist unklar. Der Anteil derjenigen, die davon ausgehen, dass ein Hirntoter wieder erwachen bzw. Schmerzen empfinden kann, ist jedoch geringer als der Anteil derjenigen, die den Hirntod nicht für den Tod des Menschen halten (um die 15 % versus um die 25 %).

[29] Vgl. Schicktanz et al. 2017, S. 254 (Darstellung der Zustimmungswerte nach Organspendenbereitschaft) und S. 252 (Organspendenbereitschaft innerhalb der Stichprobe). Für den Vergleich mit den Zahlen der BZgA wurde die Aussage aus der englischsprachigen Publikation ins Deutsche rückübersetzt und der Zustimmungswert für die gesamte Stichprobe errechnet. – Bemerkenswert ist, dass der umgekehrt formulierten Aussage „Wenn das Gehirn einer Person vollständig aufgehört hat, zu funktionieren, ist die Person tot." nur 44 % der Befragten zugestimmt haben, während in den Befragungen der BZgA rund 60 % der 14- bis 25-jährigen angegeben haben, den Hirntod für den Tod des Menschen zu halten.

14,9 % jedoch wesentlich höher (BZgA rund 5 %), so dass die Zustimmungsrate mit 71,3 % den von der BZgA erhobenen Werten entsprach.[30]

Auf die Frage, warum sie keine Organe spenden wollen, haben in den Repräsentativbefragungen der BZgA 2012 (S. 57), 2013 (S. 56) und 2014 (S. 39 bzw. Tackmann und Dettmer 2018, S. 122) jeweils 33 %, 26 % und 28 % angegeben, dass der Hirntod ihrer Meinung nach nicht der Tod des Menschen sei;[31] in der Befragung von Schildmann et al. (2022) waren es 16,5 %. Vorbehalte gegenüber der Hirntodkonzeption spielen nach diesen Befunden für die Ablehnung der Organspende in der Selbstwahrnehmung der Betroffenen zwar eine Rolle, stehen in der Rangliste der Gründe jedoch hinter der Sorge vor Organhandel und der Befürchtung, als Organspenderin oder -spender keine optimale medizinische Versorgung mehr zu erhalten. Gleichzeitig lassen die Zahlen der BZgA den Rückschluss zu, dass Zweifel an der Hirntodkonzeption nicht zwingend mit einer Ablehnung der Organspende einhergehen.[32] Auch die Studien von Schicktanz et al. (2017) und Schildmann et al. (2022)[33] weisen darauf hin, dass der Zusammenhang zwischen Akzeptanz der Hirntodkonzeption und Bereitschaft zur Organspende nicht so eng ist, wie teilweise vermutet wird.[34]

---

[30] Gleichzeitig war der Anteil der über 50-Jährigen in der Stichprobe von Schildmann et al. (2022) höher als in der Allgemeinbevölkerung, so dass vor dem Hintergrund der BZgA-Ergebnisse ohnehin eine geringere Skepsis gegenüber der Hirntodkonzeption zu erwarten gewesen wäre.

[31] In den Jahren davor stand die Antwortmöglichkeit nicht zur Auswahl.

[32] In der BZgA-Befragung 2014 haben 22 % der Befragten angegeben, dass sie den Hirntod nicht für den endgültigen Tod des Menschen halten (S. 65); gleichzeitig haben nur 5 % (hier: der insgesamt Befragten) angegeben, keine Organe spenden zu wollen, weil der Hirntod ihrer Meinung nach nicht der Tod des Menschen ist (S. 39). Für die anderen Jahre liegen keine direkten Vergleichszahlen vor; Überschlagsrechnungen auf der Basis der vorliegenden Zahlen weisen jedoch in eine ähnliche Richtung.

[33] In der Befragung von Schildmann et al. (2022) haben 75 Personen der Aussage „Für mich ist der Hirntod gleichbedeutend mit dem Tod des Menschen" (eher) nicht zugestimmt, weitere 101 waren unsicher. Von den 243 Personen, die keine Organe spenden wollen, haben dies jedoch nur 40 damit begründet, dass der Hirntod ihrer Meinung nach nicht das Ende des Lebens sei. Unter den von Schicktanz et al. (2017) befragten Studierenden war fast die Hälfte derjenigen, die der Aussage „Auch wenn das Gehirn irreversibel geschädigt ist, ist eine Person nicht tot, solange die anderen Organe noch funktionieren" zustimmen, trotzdem bereit, Organe zu spenden (eigene Berechnung auf Basis der Zahlen auf S. 252 und S. 254).

[34] Ob diejenigen, die zur Organspende bereit wären, obwohl sie den Hirntod nicht für den Tod des Menschen halten, auch explizit zustimmen würden, dass man einem Menschen, der noch nicht endgültig tot ist, Organe entnehmen darf, lässt sich auf der Basis der vorliegenden Daten zwar nicht sagen. Vor dem Hintergrund der ethischen Diskussion über die Relevanz der sogenannten *dead donor rule* (vgl. Miller und Truog 2011; Deutscher Ethikrat 2015, S. 96–113) könnte es jedoch interessant sein, dieser Frage weiter nachzugehen. Für entsprechende Untersuchungen aus den USA und Australien vgl. Nair-Collins et al. 2015; O'Leary et al. 2022.

Ungeachtet der Akzeptanz oder Ablehnung der Hirntodkonzeption als Faktor für die Vorhersage der Spendenbereitschaft bleibt die Kritik an der Konzeption nicht ohne Wirkung. Das zeigt sich vor allem an den von Ahlert und Sträter (2020) untersuchten Diskussionsthreads im Internet, in denen das Thema Hirntod eine zentrale Rolle spielt.[35] Zweifel an der Hirntodkonzeption führen hier nicht nur zu Skepsis oder Zurückhaltung gegenüber der Organspende, sondern zu einer vehementen Ablehnung:

> „Diese Hirntotdiagnostik (sic!) ist Menschenverachtend (sic!) und ist mit verbotener Folter gleichzusetzen. Da niemand weis (sic!), ob ein Hirntoter (sic!) Mensch wirklich keine Gefühle mehr hat [...]" (Ahlert und Sträter 2020, S. 5)

> „[W]issen es wirklich alle, dass die Organe dem *lebenden* Körper entnommen werden müssen, [...]?! Also wird der Mensch, der im (Koma) Sterben liegt, dadurch getötet! [...] Diese Tat-sachen (Internet) sollte man wissen!" (Ahlert und Sträter 2020, S. 6)

Im letzten Zitat wird die Organentnahme sogar – anders als von den meisten akademischen Kritikerinnen und Kritikern der Hirntodkonzeption[36] – explizit als Tötungshandlung beschrieben und entsprechend scharf verurteilt. Der Verweis auf das Internet legt die Vermutung nahe, dass der oder die Schreibende von der Darstellung der Thematik durch die Initiative KAO oder durch andere einschlägige Internetseiten beeinflusst ist. Dabei schwingt zugleich der Vorwurf mit, dass „diese Tatsachen" von den Akteurinnen und Akteuren der Transplantationsmedizin verschwiegen werden. Das Motiv des Verschweigens und der Irreführung begegnet auch in anderen Zitaten und tritt dort sogar noch deutlicher hervor:

---

[35] Pfaller et al. (2018, S. 1337) stützen sich für ihre Darstellung der Position des Tötungsverbotes sehr stark auf ein Einzelinterview mit einer Intensivpflegerin und arbeiten den Konflikt zwischen zwei Wissensformen (dem intuitiven Wissen, das die Pflegerin im Umgang mit hirntoten Patientinnen und Patienten erworben hat, und den medizinisch-wissenschaftlichen Aussagen zum Hirntod als Tod des Menschen) heraus. Für die Frage nach der Einstellung zum Hirntod in der Allgemeinbevölkerung und ihrem Einfluss auf die Bereitschaft zur Organspende sind diese Befunde weniger relevant und werden daher hier nicht referiert. (Von wem die Diskussionsbeiträge im Internet verfasst worden sind, lässt sich zwar nicht nachvollziehen; die von Ahlert & Sträter angeführten Zitate enthalten jedoch keine Hinweise auf spezielle Fachkenntnisse oder eine besondere Nähe zum Gesundheitssystem).

[36] Vgl. Deutscher Ethikrat 2015, S. 99: „In dieser Situation [wenn der Hirntod diagnostiziert worden ist und eine Weiterbehandlung des Betroffenen in seinem Interesse daher nicht mehr sinnvoll ist; RD] erscheint es unangemessen, die auf der Grundlage einer informierten Einwilligung erfolgende Organentnahme als Tötung im Sinne einer verwerflichen Integritätsverletzung zu bezeichnen".

„Die Ärzte sehen das anders. Prof. Dr. med. R. Pichlmayr, der Hauptbetreiber der Organspende in Deutschland, hat wortwörtlich gesagt: ‚Wenn wir die Gesellschaft über die Organspende aufklären, bekommen wir keine Organe mehr.'… Das ist harter Tobak. Kein Wunder, dass die Reklame über die ‚Notwendigkeit von Organspenden' nur auf der emotionalen Ebene stattfindet, anstatt durch umfassende Aufklärung."[37] (Ahlert und Sträter 2020, S. 7)

Auch der Vorwurf, dass der Hirntod eine „Erfindung" der Transplantationsmedizin sei, findet sich in den Diskussionsthreads wieder:

„Das ist der Grund, warum der Kunstbegriff ‚Hirntod' erfunden wurde […] – das Gehirn und dessen Funktionen soll angeblich irreversibel tot sein, aber der Körper lebt transplantationspraktischer Weise noch – wie wunderbar diese Konstruktion doch in sich stimmig scheint – für Transplantationszwecke einfach ein wenig zu genial ideal." (Ahlert und Sträter 2020, S. 5)

Insgesamt zeigt sich an den Zitaten, dass ein enger Zusammenhang zwischen den in diesem Beitrag separat behandelten Themenkomplexen „Misstrauen gegen das Transplantationssystem und seine Akteurinnen und Akteure" und „Zweifel am Hirntod als Tod des Menschen" bestehen kann. Ob Zweifel an der Hirntodkonzeption das Vertrauen in die Transplantationsmedizin unterminieren oder ob umgekehrt ein bereits vorhandenes Misstrauen gegen das Transplantationssystem und seine Akteurinnen und Akteure dazu führt, dass Kritik an der Hirntodkonzeption in spezifischer Weise rezipiert und interpretiert wird (Tötung des Spenders durch die Organentnahme), lässt sich nicht sagen.

2.3 Bedenken im Zusammenhang mit der Organspende als körperlichem Eingriff

Auch wenn man dem Transplantationssystem und seinen Akteurinnen und Akteuren grundsätzlich vertraut und die Hirntodkonzeption akzeptiert, kann die Vorstellung, dass einer/einem Verstorbenen unmittelbar nach ihrem/seinem Tod Herz, Leber, Nieren und andere Organe entnommen und auf einen anderen Menschen übertragen werden, Unbehagen und Widerwillen auslösen. Dieses Unbehagen lässt sich mit den üblichen moralischen Kategorien, die auf das Verhalten gegenüber

---

[37] Das Pichlmayr zugeschriebene Zitat findet sich in mehreren Pressemitteilungen der KAO; vgl. u. a. https://initiative-kao.de/pressemitteilung-kao-zum-tag-der-organspende-2020. Zugegriffen: 6. Juli 2022.

lebenden Menschen zielen, nicht ohne weiteres fassen. Der Umgang mit dem toten Körper ist zwar auch in modernen Gesellschaften kulturell normiert und rechtlich geregelt, wie die Bestattungspflicht oder das Verbot der Störung der Totenruhe (§ 168 StGB) zeigen. In deutschsprachigen Befragungen zur Organspende wird daher typischerweise auch auf eine Störung der Totenruhe als möglichen Hinderungsgrund für eine Organspende Bezug genommen. Ob das altertümlich anmutende und zugleich relativ abstrakte Konzept der Totenruhe geeignet ist, um diejenigen Vorbehalte gegenüber der postmortalen Organspende zu artikulieren, die sich auf den physischen Eingriff als solchen richten, scheint jedoch fraglich. Denn das Besondere dieser medizinischen Praxis besteht ja gerade darin, dass das Sterben bzw. Absterben des Körpers künstlich aufgehalten wird, um ihm funktionsfähige Organe entnehmen zu können, die dann in einem anderen Körper „weiterleben". Schlagworte wie „Ersatzteillager" bringen das entsprechende Unbehagen zum Ausdruck, tragen jedoch wenig zu einem differenzierten Verständnis der dahinterstehenden Vorstellungen von Sterben, Tod und Körperlichkeit bei.

Morgan et al. (2008) haben die viszeralen Abwehrreaktionen, die der Vorgang der postmortalen Organentnahme und -übertragung auslösen kann, als „ick factor" (wörtlich: Igitt-Faktor) bezeichnet und in einer US-amerikanischen Studie zum ersten Mal systematisch untersucht. Sie kommen zu dem Schluss, dass „nichtkognitive" Variablen – zu denen sie neben dem „ick factor" u. a. auch den Wunsch nach körperlicher Unversehrtheit über den Tod hinaus zählen – einen wesentlich größeren Einfluss auf die Organspendenbereitschaft haben als traditionelle „kognitive" Variablen wie Wissen und Einstellung gegenüber der Organspende. O'Carroll et al. (2011) haben die Ergebnisse von Morgan et al. mit Hilfe eines leicht modifizierten Fragebogens an drei verschiedenen Stichproben aus Großbritannien überprüft und sowohl für den „ick factor" als auch für den Wunsch nach körperlicher Unversehrtheit (*bodily integrity*) bei Nicht-Spenderinnen und -Spendern jeweils signifikant höhere Skalenwerte als bei Spenderinnen und Spendern festgestellt. Dabei wurde der „ick factor" von O'Carroll et al. (2011, S. 240) über die drei Aussagen „The idea of organ donation is somewhat disgusting", „I wouldn't like the idea of having another person's organs inside of me, even if I needed an organ transplant" und „The thought of organ donation makes me uncomfortable" und der Wunsch nach körperlicher Unversehrtheit über die beiden Aussagen „Removing organs from the body just isn't right" und „The body should be kept whole for burial" operationalisiert.

Vergleichbare quantitative Studien aus Deutschland liegen bislang nicht vor.[38] Von den Antwortmöglichkeiten, die in den BZgA-Befragungen der Jahre 2012, 2013 und 2014 vorgegeben waren, lässt sich neben „Eine Organ- und Gewebespende stört die Totenruhe" nur die Aussage „Eine Organ- und Gewebespende entstellt meinen Körper" dem fraglichen Themenkomplex zuordnen. Mit der „Entstellung" des Körpers sind jedoch eher ästhetische Aspekte angesprochen, die bei der Entnahme von inneren Organen nur eine untergeordnete Rolle spielen dürften.[39] Die Zustimmungswerte zu den beiden Aussagen lagen mit 14 %, 21 % und 20 % (Störung der Totenruhe) bzw. 22 %, 12 % und 14 % (Entstellung des Körpers) jedenfalls relativ niedrig (BZgA 2012, S. 57, 2013, S. 56, 2014, S. 39 Tackmann und Dettmer 2018, S. 122). In der Studie von Schildmann et al. (2022) haben sogar nur 9,9 % bzw. 3,7 % der Befragten ihre Ablehnung einer Organspende mit der Sorge vor einer Störung der Totenruhe bzw. einer Entstellung des Körpers begründet. Wenn Bedenken im Zusammenhang mit der Organspende als körperlichem Eingriff in Deutschland einen relevanten Einfluss auf die Spendenbereitschaft haben sollten, werden sie durch die entsprechenden Aussagen daher offensichtlich nicht abgebildet.

Wichtige Einblicke in die Bedeutung von Körperkonzepten und körperbezogenen Formen der Kritik an der Organspende liefert das Forschungsprojekt von Adloff und Schicktanz. Wie in der Einleitung bereits erläutert worden ist, sind die Projektpartnerinnen und -partner vor allem an der Frage interessiert, inwiefern unterschiedliche Positionen und Argumente Eingang in den öffentlichen Diskurs finden, und wenden affektiv grundierten, nicht ohne weiteres in Worte zu fassenden Einwänden gegen die Organspende daher besondere Aufmerksamkeit zu. Pfaller et al. (2018, S. 1339) berichten, dass die Teilnehmenden ihrer Fokusgruppen häufig Ausdrücke wie „creepy" „weird", „gruesome" oder „disgusting" verwenden. Anders als Morgan et al. (2008) und O'Carroll et al. (2011), die zwischen einem basalen Unwohlsein bei der Vorstellung einer Organspende (dem „ick factor") und dem Wunsch nach körperlicher Unversehrtheit über den Tod hinaus un-

---

[38] Am ehesten ist hier eine schon etwas ältere Studie von Hübner und Six (2005) zu nennen, die das Konstrukt „(Respekt vor der) Totenruhe" zu operationalisieren und in ihr psychologisches Modell der Organspendenbereitschaft zu integrieren versucht haben. Als Indikatoren dienen ihnen die beiden Aussagen „Die Ruhe eines Verstorbenen sollte nicht gestört werden" und „Mein Körper sollte unversehrt sein, wenn er bestattet wird" (S. 120 f.), von denen zumindest die zweite auf das Thema körperliche Integrität verweist. Das Thema „Ekel" ist in einer neueren Studie zum Zusammenhang von (allgemeiner) Ekelempfindlichkeit und Einstellung zur Organspende aufgegriffen worden (Mazur und Gormsen 2020).

[39] In den für diesen Beitrag ausgewerteten qualitativen Studien (siehe unten) spielten ästhetische Aspekte jedenfalls (so gut wie) keine Rolle.

terscheiden, interpretieren Pfaller et al. dieses Unwohlsein selbst als Ausdruck der „bodily integrity position". Sie plädieren dafür, darin ein „Urteil des Körpers" (Robert C. Solomon) zu sehen, das auf ein Verständnis des Menschen als „leiblichem Selbst" sowie auf fundamentale kulturelle Werte verweist (Pfaller et al. 2018, S. 1341).

In den Zitaten aus den Interviews bzw. Fokusgruppendiskussionen, die Pfaller et al. (2018) anführen, wird deutlich, wie die Teilnehmenden mit dem funktionalen, ressourcenorientierten Blick auf den toten Körper und die einzelnen Organe hadern:

> „If someone holds a donor card, then everything changes from one minute to the next, from human being to mere matter. Then you are just a resource ... being ventilated. The heart must keep beating; the body has to be provided with oxygen. The organs must remain fresh. And this isn't about the person anymore; it's just about the heart and the lungs. And for me, this is too fast ... too technical. I can't handle this. Even if I'm not religious, in my understanding of living and dying and of ending one's days, there is a gap produced [by donation] between body and soul and I can't divide them in this way." (Pfaller et al. 2018, S. 1338)

Andere bezeichnen die Prozedur der Organentnahme als „würdelos" und „schrecklich" oder werfen die Frage auf, wo der Respekt für die Person als Ganze bleibt. Pfaller et al. (2018, S. 1339) werten dies als Beleg dafür, dass die Fokusgruppenteilnehmenden eine Verletzung des toten Körpers als Verletzung der Menschenwürde – und damit als Verletzung eines unverhandelbaren Wertes – sehen.

Der Verweis auf die Einheit von Körper und Person und auf den Wert der körperlichen Integrität kann zwar verständlich machen, warum Menschen Eingriffe in den toten Körper grundsätzlich problematisch finden. Um dem Unbehagen speziell gegenüber der Organspende (im Unterschied zur klinischen Sektion oder zu wissenschaftlichen Experimenten mit menschlichen Leichen) auf die Spur zu kommen, ist jedoch ein genauerer Blick auf den Inhalt der vorgebrachten Bedenken notwendig. Hier liefern qualitative Studien aus dem Ausland – insbesondere aus Großbritannien (Sque et al. 2008; Miller et al. 2019, 2020) – wertvolles zusätzliches Material. In der Zusammenschau der unterschiedlichen Studien zeigt sich, dass Einwände gegen die Organspende, die von den jeweiligen Autorinnen und Autoren dem Themenkomplex „körperliche Integrität" zugeordnet werden, sich auf ganz unterschiedliche Stadien und Aspekte des Prozesses der Organentnahme und -übertragung richten können.[40] Im angeführten Zitat (Pfaller et al. 2018,

---

[40] Vgl. für eine sehr differenzierte, auf Interviews mit 38 Personen gestützte Auflistung und Erläuterung von „averse reactions to procedures with the dead body" auch Sanner 1994.

S. 1338) geht es vor allem um die fortgesetzte künstliche Beatmung und andere organprotektive Maßnahmen, die notwendig sind, um die Organe über den irreversiblen Hirnfunktionsausfall hinaus in einem für die Transplantation geeigneten Zustand zu erhalten. Die Abneigung dagegen, künstlich weiter „am Leben" erhalten zu werden, begegnet auch in anderen qualitativen Studien, wie die beiden folgenden Zitate zeigen:

> „[M]y understanding is that they do have to keep everything going until hmm and they only take what is almost a living heart though it is artificially kept and I just find that totally abhorrent […]." (Sque und Galasinski 2013, S. 60)

> „I have no wish to be ‚kept alive' on a ventilator until my organs are taken out for transplantation on the basis that some doctor has declared me to be ‚brain dead'." (Miller et al. 2019, S. 11)

Andere Teilnehmende thematisieren nicht so sehr die künstliche Lebensverlängerung im Vorfeld der Organentnahme, sondern stoßen sich vor allem an der Vorstellung, „aufgeschnitten" zu werden, d. h. an dem Vorgang der Organentnahme selbst. Der tote Körper soll nach Möglichkeit nicht beschädigt werden:

> „Just do not like the idea of being cut open after death." (Miller et al. 2019, S. 11)[41]

> „Simply do not wish to be used for any reason after death, put to rest with no damage to body." (Miller et al. 2019, S. 11)[42]

> „I would be scared they just went in an[d] made a mess of my dead body to take the organ that they needed without having any respect for me." (Miller et al. 2020, S. 266)[43]

Vor allem für Angehörige von potenziellen Organspenderinnen und -spendern spielt die wahrgenommene Gewaltsamkeit des Vorgangs eine Rolle:

---

[41] Vgl. auch Sanner 1994, S. 1145 („Uneasiness at the thought of cutting the dead body", ohne direkte Zitate, aber von der Autorin anhand des Interviewmaterials als „Uneasiness at the thought of being cut up when dead, the body being damaged and destroyed" erläutert).

[42] Ähnliche Motive finden sich auch in der Studie von Adloff und Schicktanz, wie die von den Teilnehmenden im Zusammenhang mit der Organspende verwendeten Ausdrücke („dissembled", „eviscerate", „taken apart", „tattered" etc.) zeigen (Pfaller et al. 2018, S. 1339).

[43] Vgl. zum Thema der Achtung des toten Körpers als Ausdruck des Respektes vor der verstorbenen Person auch Pfaller et al. 2018, S. 1338 („Where is the consideration, the respect for the person as a *whole*?").

„I just couldn't bear the thought of L being split open: it would seem to me a violation." (Sque et al. 2008, S. 140)

„I just felt that her little body had been battered so many times by these drugs and radiotherapy and everything else that she should just be allowed to die in peace." (Sque et al. 2008, S. 140)

Vorbehalte gegenüber der Organspende als körperlichem Eingriff können sich aber auch auf das Ergebnis – den Verlust der Organe bzw. das „Weiterleben" der Organe im Körper eines anderen Menschen – richten. Auch wenn die Studienteilnehmenden vermutlich zustimmen würden, dass sie ihre Organe nach dem Tod nicht mehr brauchen, wollen sie die Welt so verlassen, wie sie hineingekommen sind:

„I was born with them I would like to die with them." (Miller et al. 2019, S. 11)

„I just want to go out of the world the way I came in." (Miller et al. 2019, S. 11)

Bei diesen Zitaten fällt vor allem die Symmetrie auf, die die Befragten zwischen Geburt und Tod bzw. zwischen „In die Welt kommen" und „Die Welt verlassen" herstellen.[44] Die Entnahme von Organen nach dem Tod scheint hier als Störung einer natürlichen Ordnung bzw. einer Vorstellung vom Sterben, für die die Entsprechung von Anfang und Ende zentral ist. Das Motiv der Vollständigkeit bzw. der Gedanke, dass der Körper ein zusammengehöriges Ganzes bildet, begegnet auch bei den Angehörigen potenzieller Organspenderinnen und -spender:

„When something I feel is part of the body, I feel it ought to stay part of the body" (Sque et al. 2008, S. 139)

„I want her to go as she is in one piece" (Sque et al. 2008, S. 139)

Eine Interviewpartnerin aus der Studie von Miller et al. (2020) begründet ihre eigene Entscheidung gegen eine Organspende explizit mit der Erfahrung, wie wichtig es nach dem Tod ihres Vaters für sie war, ihn „ganz und vollständig" an einem bestimmten Ort zu wissen und dort aufsuchen zu können:

---

[44] Der Bibelvers „Wir haben nichts in die Welt gebracht; darum können wir auch nichts hinausbringen" (1. Tim 6,7), der eine allgemeinmenschliche Erfahrung ausdrückt, erfährt hier gleichsam eine neue Pointe: Wir haben nichts in die Welt gebracht außer dem Leib, darum sollen wir auch nichts herausbringen außer dem Leib – den aber dafür so, wie er am Anfang war: intakt und unversehrt.

„I think being able to go to somewhere, where I know that he is there and that he is whole and I can speak to him erm it really just like puts my mind at ease and it's just quite nice [...] he is there in his entirety and that's really important to me." (Miller et al. 2020, S. 266)

Andere empfinden Unbehagen bei dem Gedanken, dass ein Teil von ihnen in einem anderen Menschen weiterlebt.[45] Wenn sie sterben müssen, wollen sie vollständig sterben und begraben werden:

„When I die I want all of me to die, not a bit of me living on here, I think erm it's not like erm ... it sort of feels like as if you wouldn't be properly dead do y' know what I mean and then you think well ... I want all of me, I want to leave the world the way I came with all the bits that I came with." (Miller et al. 2020, S. 266)

„Wenn ich tot bin, will ich komplett begraben werden. Mein Herz würde ich NIE-EEEEEMALS hergeben. Und allein schon der Gedanke, dass ich tot bin, aber ein Teil (oder Teile) von mir weiterleben ist [...] gruslig." (Ahlert und Sträter 2020, S. 6)[46]

3 Zusammenfassung der wichtigsten Ergebnisse, offene Fragen

Die vorangegangenen Ausführungen haben anhand der vorhandenen qualitativen und quantitativen Literatur die Befürchtungen und Bedenken dargestellt, die von Bürgerinnen und Bürgern genannt werden, um ihre Zurückhaltung gegenüber einer Organspende zu begründen. Dazu wurden die vorgegebenen Antwortmöglichkeiten aus Befragungsstudien wie den Repräsentativbefragungen der BZgA und die Zitate aus Interviews, Fokusgruppen und Diskussionsthreads im Internet den drei Themenkomplexen „Misstrauen gegen das Transplantationssystem und seine Akteurinnen und Akteure", „Zweifel am Hirntod als Tod des Menschen" und „Bedenken im Zusammenhang mit der Organspende als körperlichem Ein-

---

[45] Das Motiv des „Weiterlebens" durch Organspende ist in dem Projekt „Transmortalität. Das Weiterwirken der Leiche nach dem Tod" unter der Leitung von Dominik Groß, Andrea Esser, Hubert Knoblauch und Brigitte Tag näher untersucht worden (vgl. Groß et al. 2016; Kahl et al. 2017 und ein Teil der Beiträge aus Esser et al. 2018).

[46] Vgl. auch Sanner 1994, S. 1145 („Dislike of having one's organ surviving in another's body or having another's organ living on in one's own body"; ohne Zitate, aber von der Autorin anhand des Interviewmaterials wie folgt erläutert: „A feeling of insecurity in imagining one's organ living on even though one is dead. One wants to be sure of one's whole body dying at the same time.").

griff" zugeordnet. Wenn man sich die Verteilung der Antworten in Bevölkerungsbefragungen (BZgA 2008, 2010, 2012, 2013, 2014; Schildmann et al. 2022) an-
schaut, so zeigt sich ein sehr klarer und über die Jahre hinweg stabiler Befund:
Am häufigsten werden Befürchtungen im Blick auf ärztliches Fehlverhalten und
systemisches Versagen (unzureichende medizinische Versorgung potenzieller
Organspenderinnen und -spender, Organhandel) genannt, an zweiter Stelle stehen Zweifel an der Hirntodkonzeption und an dritter Stelle Bedenken, die mit der
Organspende als körperlichem Eingriff zu tun haben (Störung der Totenruhe,
Entstellung des Körpers).[47]

Auffällig sind vor allem die hohen Zustimmungswerte zu der Antwort „Ich
fürchte den Missbrauch durch Organhandel". Das Thema Organhandel beschäftigt
Personen, die eine Organspende ablehnen, sogar mehr als die (auf den ersten Blick
naheliegendere) Sorge, dass bei potenziellen Organspenderinnen und -spendern
nicht mehr alle Möglichkeiten zur Lebensrettung ausgeschöpft oder Organe vor
Eintritt des Todes entnommen werden könnten. Die verbreitete Annahme, dass Organe an dem entsprechenden gesetzlichen Verbot vorbei zum Verkauf angeboten
werden könnten, weist auf ein fundamentales Misstrauen nicht nur gegen die behandelnden Ärztinnen und Ärzte, sondern gegen das System und seine Kontrollme-
chanismen insgesamt hin. Dieser Befund wird durch die vorhandenen qualitativen
Studien bestätigt, in denen Themen wie Gier, Intransparenz und Korruption eine
zentrale Rolle spielen und z. T. mit allgemeiner Kritik am Staat bzw. am Gesell-
schafts- und Wirtschaftssystem („wir leben in einem neoliberalen Staat, in dem es
nur um Geld geht") verbunden werden.

Die Hirntodkonzeption – d. h. die Annahme, dass ein Mensch tot ist, wenn seine
Hirnfunktionen irreversibel ausgefallen sind – wird in jüngeren Repräsentativbe-
fragungen der BZgA (2014, 2016, 2018, 2020) jeweils von rund einem Viertel der
Befragten nicht akzeptiert, unter den 14- bis 25-jährigen sogar von rund einem
Drittel. Inwieweit dabei Missverständnisse im Blick auf den medizinischen Sach-
verhalt des Hirntodes eine Rolle spielen, lässt sich zwar nicht im Detail nachvoll-

---

[47] Was die Rangfolge der Gründe für die Ablehnung einer Organspende angeht, gibt es zwischen Männern und Frauen ebenso wie zwischen verschiedenen Altersgruppen (14- bis
25-jährige, 26- bis 55-jährige und 56- bis 75-jährige) nahezu keine Unterschiede. Anders
sieht es dagegen beim intensivmedizinischen Fachpersonal aus, wie eine Befragung von
Söffker et al. (2014) unter den Teilnehmenden des 12. Kongresses der Deutschen Interdisziplinären Vereinigung für Intensiv- und Notfallmedizin (n = 1045, davon 65 % Ärztinnen und
Ärzte und 25 % Pflegende) zeigt. In dieser Gruppe waren Zweifel an der Hirntodkonzeption
der mit deutlichem Abstand am häufigsten genannte Grund für die Ablehnung einer Organspende, gefolgt von der Angst vor Missbrauch durch Organhandel und dem Wunsch nach
Unversehrtheit des eigenen Körpers nach dem Tod.

ziehen; der Anteil ist jedoch höher als der Anteil derjenigen, die offensichtlich falsche Vorstellungen über den Hirntod (Möglichkeit, wieder zu erwachen oder Schmerzen zu empfinden) haben. Auch wenn die BZgA nicht explizit abfragt, welche Bedeutung die Einstellung zur Hirntodkonzeption für die Bereitschaft zur Organspende hat, geht aus den Zahlen hervor, dass Zweifel an der Hirntodkonzeption keineswegs bei allen Befragten mit einer Ablehnung der Organspende einhergehen. Diese Beobachtung könnte Anlass sein, in zukünftigen Studien nicht nur die Akzeptanz der Hirntodkonzeption, sondern auch die Einstellung zur *dead donor rule* explizit zu untersuchen. Gleichzeitig zeigt die qualitative Studie von Ahlert und Sträter (2020), dass die Kritik an der Hirntodkonzeption durch im Internet aktive Organisationen wie die KAO nicht ohne Wirkung bleibt und zu einer besonders vehementen, von ausgeprägtem Misstrauen gegen das Transplantationssystem und seine Akteurinnen und Akteure begleiteten Ablehnung der Organspende führen kann. Eine naheliegende Hypothese wäre hier, dass Menschen mit geringem Vertrauen in das Gesundheitssystem und seine Institutionen (z. B. die BZgA) besonders anfällig für eine skandalisierende Berichterstattung („Tod bei lebendigem Leib") sind und dadurch weiter in ihrem Misstrauen bestärkt werden.

Bedenken im Zusammenhang mit der Organspende als körperlichem Eingriff sind durch quantitative Studien besonders schwer zu erfassen, weil sie sich nicht so leicht auf den Begriff bringen lassen. Die BZgA gibt bei der Frage nach den Gründen für eine Ablehnung der Organspende zwei Antwortmöglichkeiten vor, die sich diesem Themenkomplex zuordnen lassen: „Eine Organ- und Gewebespende entstellt meinen Körper" und „Eine Organ- und Gewebespende stört die Totenruhe". Die Zustimmung zu diesen Aussagen ist – ebenso wie bei Schildmann et al. (2022), die dieselben Fragen verwenden – relativ gering. Ob „körperbezogene" Einwände gegen die Organspende dadurch angemessen erfasst werden, ist jedoch unklar. Böhrer (2021, S. 44) hat darauf hingewiesen, dass in der öffentlichen Kommunikation über die Organspende bestimmte Themenkomplexe, die als abschreckend oder unangenehm gelten, tendenziell vermieden werden. Tatsächlich kommt die materielle Seite der Organspende in den beiden Aussagen nur am Rande und insbesondere in ästhetischer Hinsicht (Entstellung des Körpers) vor. Bei diesem Themenkomplex bieten qualitative Studien, in denen die Befragten selbst ihre Bedenken, Befürchtungen und Fantasien artikulieren können, daher einen deutlichen Mehrwert gegenüber rein quantitativen Befragungen. In der Zusammenschau von qualitativen Studien aus Deutschland und anderen europäischen Ländern zeigt sich, dass sehr unterschiedliche Aspekte und Konsequenzen der Organspende (fortgesetzte künstliche Beatmung des Organspenders, chirurgische Eröffnung des Körpers zur Organentnahme, Verlust der Organe, Weiterleben der Organe in einem anderen Menschen) Unbehagen und Ablehnung auslösen können. Um zu verhindern, dass die Bedeutung „körperbezogener" Einwände gegen die Organspende systematisch unterschätzt wird, wäre es sinnvoll, auch in quantitativen Befragungen entsprechend differenzierte Antwortmöglichkeiten anzubieten.

Literatur

Adloff, F. & Hilbrich, I. (2019). Der Organspendediskurs in Deutschland und die diskursive Exklusion von Kritik. In S. M. Probst (Hrsg.), *Hirntod und Organspende aus interkultureller Sicht* (S. 102–116). Berlin, Leipzig: Hentrich und Hentrich Verlag.

Adloff, F. & Pfaller, L. (2017). Critique in statu nascendi? The Reluctance towards Organ Donation. *Historical Social Research/Historische Sozialforschung, 42*(3), 24–40.

Ahlert, M. & Sträter, K. F. (2020). Einstellungen zur Organspende in Deutschland – Qualitative Analysen zur Ergänzung quantitativer Evidenz. *Zeitschrift für Evidenz, Fortbildung und Qualität im Gesundheitswesen, 153–154*(8), 1–9.

Bernat, J. L., Culver, C. M. & Gert, B. (1981). On the Definition and Criterion of Death. *Annals of Internal Medicine, 94*(3), 389–394.

Betsch, C., Schmid, P., Heinemeier, D., Korn, L., Holtmann, C. & Böhm, R. (2018). Beyond confidence: Development of a measure assessing the 5C psychological antecedents of vaccination. *PLoS ONE, 13*(12). https://doi.org/10.1371/journal.pone.0208601.

Birnbacher, D. (2012). Das Hirntodkriterium in der Krise – welche Todesdefinition ist angemessen? In A. Esser, D. Kersting & C. G. W. Schäfer (Hrsg.), *Welchen Tod stirbt der Mensch? Philosophische Kontroversen zur Definition und Bedeutung des Todes* (S. 19–40). Frankfurt a. M.: Campus.

Birnbacher, D., Angstwurm, H., Eigler, F. W. & Wuermeling, H.-B. (1993). Der vollständige und endgültige Ausfall der Hirntätigkeit als Todeszeichen des Menschen: Anthropologischer Hintergrund. *Deutsches Ärzteblatt, 90*(44), B2170–B2173.

Böhmer, A. (2021). Körper, Tod und Flüssigkeiten – Das Abjekte der Organspende. *cultura & psyché, 2*(1), 41–50.

Bundesärztekammer (2015). Richtlinie gemäß § 16 Abs. 1 S. 1 Nr. 1 TPG für die Regeln zur Feststellung des Todes nach § 3 Abs. 1 S. 1 Nr. 2 TPG und die Verfahrensregeln zur Feststellung des endgültigen, nicht behebbaren Ausfalls der Gesamtfunktion des Großhirns, des Kleinhirns und des Hirnstamms nach § 3 Abs. 2 Nr. 2 TPG, Vierte Fortschreibung. *Deutsches Ärzteblatt, 90*(44), B2177–B2179.

Bundeszentrale für gesundheitliche Aufklärung (2009). *Organ- und Gewebespende. Repräsentative Befragung der Allgemeinbevölkerung 2008: Zusammenfassung der wichtigsten Ergebnisse.* Köln: Bundeszentrale für gesundheitliche Aufklärung. [Zitiert als: BZgA 2008].

Bundeszentrale für gesundheitliche Aufklärung (2011). *Einstellung, Wissen und Verhalten der Allgemeinbevölkerung zur Organ- und Gewebespende: Zusammenfassung der wichtigsten Ergebnisse der Repräsentativbefragung 2010.* Köln: Bundeszentrale für gesundheitliche Aufklärung. [Zitiert als: BZgA 2010].

Bundeszentrale für gesundheitliche Aufklärung (2013). *Einstellung, Wissen und Verhalten der Allgemeinbevölkerung zur Organ- und Gewebespende: Zusammenfassung der wich-*

tigsten Ergebnisse der Repräsentativbefragung 2012. Köln: Bundeszentrale für gesundheitliche Aufklärung. [Zitiert als: BZgA 2012].

Bundeszentrale für gesundheitliche Aufklärung (2014). *Wissen, Einstellung und Verhalten der Allgemeinbevölkerung zur Organ- und Gewebespende: Zusammenfassung der wichtigsten Ergebnisse der Repräsentativbefragung 2013*. Köln: Bundeszentrale für gesundheitliche Aufklärung. [Zitiert als: BZgA 2013].

Bundeszentrale für gesundheitliche Aufklärung (2015). *Bericht zur Repräsentativstudie 2014 „Wissen, Einstellung und Verhalten der Allgemeinbevölkerung zur Organ- und Gewebespende"*. Köln: Bundeszentrale für gesundheitliche Aufklärung. [Zitiert als: BZgA 2014].

Bundeszentrale für gesundheitliche Aufklärung (2017). *Bericht zur Repräsentativstudie 2016 „Wissen, Einstellung und Verhalten der Allgemeinbevölkerung zur Organ- und Gewebespende"*. Köln: Bundeszentrale für gesundheitliche Aufklärung. [Zitiert als: BZgA 2016].

Bundeszentrale für gesundheitliche Aufklärung (2019). *Bericht zur Repräsentativstudie 2018 „Wissen, Einstellung und Verhalten der Allgemeinbevölkerung zur Organ- und Gewebespende"*. Köln: Bundeszentrale für gesundheitliche Aufklärung. [Zitiert als: BZgA 2018].

Bundeszentrale für gesundheitliche Aufklärung (2021). *Bericht zur Repräsentativstudie 2020 „Wissen, Einstellung und Verhalten der Allgemeinbevölkerung zur Organ- und Gewebespende"*. Köln: Bundeszentrale für gesundheitliche Aufklärung. [Zitiert als: BZgA 2020].

Bundeszentrale für gesundheitliche Aufklärung (2022). Infoblatt „Wissen, Einstellung und Verhalten der Allgemeinbevölkerung (14 bis 75 Jahre) zur Organ- und Gewebespende" Bundesweite Repräsentativbefragung 2022. Erste Studienergebnisse. https://www.bzga.de/fileadmin/user_upload/PDF/pressemitteilungen/daten_und_fakten/BZgA_Infoblatt_Studie_Organspende_2022_final.pdf. Zugegriffen: 6. Juli 2022. [Zitiert als: BZgA 2022].

Cacioppo, J. T. & Gardner, W. L. (1993). What underlies medical donor attitudes and behavior? *Health Psychology*, *12*(4), 269–271.

Denkhaus, R. & Dabrock, P. (2012). Grauzonen zwischen Leben und Tod: Ein Plädoyer für mehr Ehrlichkeit in der Debatte um das Hirntod-Kriterium. *Zeitschrift für medizinische Ethik*, *58*(2), 135–148.

Deutscher Ethikrat (2015). *Hirntod und Entscheidung zur Organspende*. Berlin: Deutscher Ethikrat.

Deutsche Gesellschaft für Neurochirurgie, Deutsche Gesellschaft für Neurologie, Deutsche Gesellschaft für Neurointensiv- und Notfallmedizin (2012). Erklärung zur Todesfeststellung mittels neurologischer Kriterien (Hirntod). https://www.dgnc.de/fileadmin/media/dgnc_homepage/Patienteninformationen/Stellungnahme_zum_Hirntod.pdf. [Zitiert als: DGNC et al. 2012].

Deutsche Stiftung Organtransplantation (2014). *Organspende und Transplantation in Deutschland: Jahresbericht 2013*. Frankfurt a. M.: Deutsche Stiftung Organtransplantation. [zitiert als: DSO 2013].

Deutsche Stiftung Organtransplantation (2015). *Organspende und Transplantation in Deutschland: Jahresbericht 2014*. Frankfurt a. M.: Deutsche Stiftung Organtransplantation. [zitiert als: DSO 2014].

Deutsche Stiftung Organtransplantation (2022). *Organspende und Transplantation in Deutschland: Jahresbericht 2021*. Frankfurt a. M.: Deutsche Stiftung Organtransplantation. [zitiert als: DSO 2021].

Esser, A., Kahl, A., Kersting, D., Schäfer, C. G. W. & Weber, T. (Hrsg.). (2018). *Die Krise der Organspende: Anspruch, Analyse und Kritik aktueller Aufklärungsbemühungen im Kontext der postmortalen Organspende in Deutschland.* Berlin: Duncker & Humblot.

Farhart, C. E., Douglas-Durham, E., Lunz Trujillo, K. & Vitriol, J. A. (2022). Vax attacks: How conspiracy theory belief undermines vaccine support. *Progress in Molecular Biology and Translational Science, 188*(1), 135–169.

Fobiwe, J. P., Martus, P., Poole, B. D., Jensen, J. L. & Joos, S. (2022). Influences on Attitudes Regarding COVID-19 Vaccination in Germany. *Vaccines, 10*(5). https://doi.org/10.3390/vaccines10050658.

Gold, S. M., Schulz, K.-H. & Koch, U. (2001). *Der Organspendeprozess: Ursachen des Organmangels und mögliche Lösungsansätze: Inhaltliche und methodenkritische Analyse vorliegender Studien.* Köln: Bundeszentrale für gesundheitliche Aufklärung.

Groß, D., Kaiser, S. & Tag, B. (Hrsg.). (2016). *Leben jenseits des Todes? Transmortalität unter besonderer Berücksichtigung der Organspende.* Frankfurt a. M.: Campus.

Haug, S., Schnell, R. & Weber, K. (2021). Impfbereitschaft mit einem COVID-19-Vakzin und Einflussfaktoren. Ergebnisse einer telefonischen Bevölkerungsbefragung. *Gesundheitswesen, 83*(10), 789–796.

Hilpert, K. & Sautermeister, J. (Hrsg.). (2015). *Organspende – Herausforderung für den Lebensschutz.* Freiburg i. Br.: Herder.

Hoff, J. & Schmitten, J. in der (Hrsg.). (1995). *Wann ist der Mensch tot? Organverpflanzung und „Hirntod"-Kriterium* (2. Aufl.). Reinbek bei Hamburg: Rowohlt.

Horton, R. L. & Horton, P. J. (1991). A model of willingness to become a potential organ donor. *Social Science & Medicine, 33*(9), 1037–1051.

Hübner, G. & Six, B. (2005). Einfluss ethischer Überzeugungen auf das Organspendeverhalten. *Zeitschrift für Gesundheitspsychologie, 13*(3), 118–125.

Inoue, Y. (2022). Relationship Between High Organ Donation Rates and COVID-19 Vaccination Coverage. *Frontiers in Public Health, 10.* https://doi.org/10.3389/fpubh.2022.855051.

Irving, M. J., Tong, A., Jan, S., Cass, A., Rose, J., Chadban, S., Allen, R. D., Craig, J. C., Wong, G. & Howard, K. (2012). Factors that influence the decision to be an organ donor: A systematic review of the qualitative literature. *Nephrology Dialysis Transplantation, 27*(6), 2526–2533.

Jennings, W., Stoker, G., Bunting, H., Valgarðsson, V. O., Gaskell, J., Devine, D., McKay, L. & Mills, M. C. (2021). Lack of Trust, Conspiracy Beliefs, and Social Media Use Predict COVID-19 Vaccine Hesitancy. *Vaccines, 9*(6). https://doi.org/10.3390/vaccines9060593.

Jensen, E. A., Pfleger, A., Herbig, L., Wagoner, B., Lorenz, L. & Watzlawik, M. (2021). What Drives Belief in Vaccination Conspiracy Theories in Germany? *Frontiers in Communication, 6.* https://doi.org/10.3389/fcomm.2021.678335.

Kahl, A. & Weber, T. (2017). Einstellungen zur Organspende, das Wissen über den Hirntod und Transmortalitätsvorstellungen in der deutschen Bevölkerung. In A. Kahl, H. Knoblauch & T. Weber (Hrsg.), *Randgebiete des Sozialen. Transmortalität: Organspende, Tod und tote Körper in der heutigen Gesellschaft.* Weinheim: Beltz Juventa, 132–168.

Kahl, A., Knoblauch, H. & Weber, T. (Hrsg.). (2017). *Randgebiete des Sozialen. Transmortalität: Organspende, Tod und tote Körper in der heutigen Gesellschaft.* Weinheim: Beltz Juventa.

Keller, S., Bölting, K., Kaluza, G., Schulz, K.-H., Ewers, H., Robbins, M. L. & Basler, H.-D. (2004). Bedingungen für die Bereitschaft zur Organspende. *Zeitschrift für Gesundheitspsychologie*, *12*(2), 75–84.

Köhler, T. & Sträter, K. F. (2020). Einstellungen zur Organspende: Ergebnisse einer qualitativ-empirischen (Pilot-)Studie auf der Basis von Diskussionsthreads im Internet. In M. Raich & J. Müller-Seeger (Hrsg.), *Symposium Qualitative Forschung 2018: Verantwortungsvolle Entscheidungen auf Basis qualitativer Daten* (S. 121–149). Wiesbaden: Springer Gabler.

Kopfman, J. E. & Smith, S. W. (1996). Understanding the Audiences of a Health Communication Campaign: A discriminant analysis of potential organ donors based on intent to donate. *Journal of Applied Communication Research*, *24*(1), 33–49.

Körtner, U. H. J., Kopetzki, C. & Müller, S (Hrsg.). (2016). *Hirntod und Organtransplantation: Zum Stand der Diskussion* (Bd. 12). Wien: Verlag Österreich.

Krampen, G. & Junk, H. (2006). Analyse und Förderung der Organspendebereitschaft bei Studierenden. *Zeitschrift für Gesundheitspsychologie*, *14*(1), 1–10.

Kritische Aufklärung über Organtransplantation e.V. (2022). Organspende – die verschwiegene Seite. KAO. https://initiative-kao.de. Zugegriffen: 6. Juli 2022.

Mazur, L. B. & Gormsen, E. (2020). Disgust Sensitivity and Support for Organ Donation: Time to Take Disgust Seriously. *Journal of General Internal Medicine*, *35*(8), 2347–2351.

Miller, F. G., & Truog, R. (2011). *Death, Dying, and Organ Transplantation: Reconstructing Medical Ethics at the End of Life*. Oxford: Oxford University Press.

Miller, J., Currie, S., McGregor, L. M. & O'Carroll, R. E. (2020). ,It's like being conscripted, one volunteer is better than 10 pressed men': A qualitative study into the views of people who plan to opt-out of organ donation. *British Journal of Health Psychology*, *25*(2), 257–274.

Miller, J., Currie, S. & O'Carroll, R. E. (2019). ,If I donate my organs it's a gift, if you take them it's theft': A qualitative study of planned donor decisions under opt-out legislation. *BMC Public Health*, *19*. https://doi.org/10.1186/s12889-019-7774-1.

Morgan, S., Miller, J. & Arasaratnam, L. (2002). Signing cards, saving lives: An evaluation of the worksite organ donation promotion project. *Communication Monographs*, *69*(3), 253–273.

Morgan, S. E., Stephenson, M. T., Harrison, T. R., Afifi, W. A. & Long, S. D. (2008). Facts versus ,Feelings': How rational is the decision to become an organ donor? *Journal of Health Psychology*, *13*(5), 644–658.

Müller, S. (2010). Revival der Hirntod-Debatte: Funktionelle Bildgebung für die Hirntod-Diagnostik. *Ethik in der Medizin*, *22*(1), 5–17.

Nair-Collins, M., Green, S. R. & Sutin, A. R. (2015). Abandoning the Dead Donor Rule: A National Survey of Public Views on Death and Organ Donation. *Journal of Medical Ethics*, *41*(4), 297–302. https://doi.org/10.1136/medethics-2014-102229.

Newton, J. D. (2011). How does the general public view posthumous organ donation? A meta-synthesis of the qualitative literature. *BMC Public Health*, *11*. https://doi.org/10.1186/1471-2458-11-791.

O'Carroll, R. E., Foster, C., McGeechan, G., Sandford, K. & Ferguson, E. (2011). The ,ick' factor, anticipated regret, and willingness to become an organ donor. *Health Psychology*, *30*(2), 236–245.

O'Leary, M. J., Skowronski, G., Critchley, C., O'Reilly, L., Forlini, C., Sheahan, L., Stewart, C. & Kerridge, I. (2022). Death determination, organ donation and the importance of the

Dead Donor Rule following withdrawal of life-sustaining treatment: A survey of community opinions. *Internal Medicine Journal, 52*(2), 238–248.

Parisi, N. & Katz, I. (1986). Attitudes toward posthumous organ donation and commitment to donate. *Health Psychology, 5*(6), 565–580.

Pfaller, L., Hansen, S. L, Adloff, F. & Schicktanz, S. (2018). ‚Saying No to Organ Donation': An Empirical Typology of Reluctance and Rejection. *Sociology of Health & Illness, 40*(8), 1327–1346.

President's Council on Bioethics (2008). *Controversies in the Determination of Death: A White Paper by the President's Council on Bioethics*. Washington.

Radecki, C. M. & Jaccard, J. (1997). Psychological aspects of organ donation: A critical review and synthesis of individual and next-of-kin donation decisions. *Health Psychology, 16*(2), 183–195.

Rahmel, A. (2019). Organspende. Update 2019. *Med Klin Intensivmed Notfmed 114*(2), 100–106.

Sanner, M. (1994). Attitudes toward organ donation and transplantation. *Social Science & Medicine, 38*(8), 1141–1152.

Schernhammer, E., Weitzer, J., Laubichler, M. D., Birmann, B. M., Bertau, M., Zenk, L., Caniglia, G., Jäger, C. C. & Steiner, G. (2022). Correlates of COVID-19 vaccine hesitancy in Austria: Trust and the government. *Journal of Public Health, 44*(1), e106–e116.

Schicktanz, S., Pfaller, L., Hansen, S. L. & Boos, M. (2017). Attitudes towards Brain Death and Conceptions of the Body in Relation to Willingness or Reluctance to Donate: Results of a Student Survey before and after the German Transplantation Scandals and Legal Changes. *Zeitschrift für Gesundheitswissenschaften = Journal of public health, 25*(3), 249–256.

Schildmann, J., Nadolny, S., Führer, A., Frese, T., Mau, W., Meyer, G., Richter, M., Steckelberg, A. & Mikolajczyk, R. (2022). Gründe und Einflussfaktoren für die Bereitschaft zur Dokumentation von Präferenzen bezüglich Organspende. Ergebnisse einer Online-Umfrage. *Psychotherapie – Psychosomatik – Medizinische Psychologie.* https://doi.org/10.1055/a-1718-3896.

Schulte, K., Kunzendorf, U. & Feldkamp, T. (2019). Ursachen der niedrigen Organspenderate in Deutschland. *Der Urologe, 58*(8), 888–892.

Schulte, K., Borzikowsky, C., Rahmel, A., Kolibay, F., Polze, N., Fränkel, P., Mikle, S., Alders, B., Kunzendorf, U. & Feldkamp, T. (2018). Rückgang der Organspenden in Deutschland: Eine bundesweite Sekundärdatenanalyse aller vollstationären Behandlungsfälle. *Deutsches Ärzteblatt Online, 115*(27–28), 463–468.

Schulz, K.-H. & Koch, U. (2005). Transplantationspsychologie. In F. Balck (Hrsg.), *Anwendungsfelder der medizinischen Psychologie* (S. 101–116). Berlin, Heidelberg: Springer.

Schulz, K.-H., Gold, S., Knesebeck, M. von dem & Koch, U. (2002). Organspendebereitschaft in der Allgemeinbevölkerung – Theoretische Modelle und Möglichkeiten der Beeinflussung. *Psychotherapie – Psychosomatik – Medizinische Psychologie, 52*(1), 24–31.

Schwettmann, L. (2015). Decision solution, data manipulation and trust: The (un-)willingness to donate organs in Germany in critical times. *Health Policy, 119*(7), 980–989.

Six, B. & Hübner, G. (2012). Einflussgrößen der Organspendebereitschaft: Die „Theorie des überlegten Handelns" und das erweiterte Modell der Organspende als Erklärungsansätze. In Bundeszentrale für gesundheitliche Aufklärung (Hrsg.), *Aufklärung zur Organ- und*

Gewebespende in Deutschland: Neue Wege in der Gesundheitskommunikation (S. 58–67). Köln: Bundeszentrale für gesundheitliche Aufklärung.

Skumanich, S. A. & Kintsfather, D. P. (1996). Promoting the organ donor card: A causal model of persuasion effects. *Social Science & Medicine, 43*(3), 401–408.

Söffker, G., Bhattarai, M., Welte, T., Quintel, M. & Kluge, S. (2014). Einstellung des intensivmedizinischen Fachpersonals zur postmortalen Organspende in Deutschland. *Medizinische Klinik – Intensivmedizin und Notfallmedizin, 109*(1), 41–47.

Sque, M. & Galasinski, D. (2013). ‚Keeping Her Whole': Bereaved Families' Accounts of Declining a Request for Organ Donation. *Cambridge Quarterly of Healthcare Ethics, 22*(1), 55–63.

Sque, M., Long, T., Payne, S. & Allardyce, D. (2008). Why relatives do not donate organs for transplants: ‚sacrifice' or ‚gift of life'? *Journal of Advanced Nursing, 61*(2), 134–144.

Stoeckel, F., Carter, C., Lyons, B. A. & Reifler, J. (2022). The politics of vaccine hesitancy in Europe. *European Journal of Public Health.* https://doi.org/10.1093/eurpub/ckac041.

Stoecker, R. (2009). Ein Plädoyer für die Reanimation der Hirntoddebatte. In D. Preuß, N. Knoepffler & K.-M. Kodalle (Hrsg.), *Körperteile – Körper teilen* (S. 41–59). Würzburg: Königshausen & Neumann.

Tackmann, E. & Dettmer, S. (2018). Akzeptanz der postmortalen Organspende in Deutschland: Repräsentative Querschnittsstudie. *Der Anaesthesist, 67*(2), 118–125.

Uhlig, C. E., Böhringer, D., Hirschfeld, G., Seitz, B. & Schmidt, H. (2015). Attitudes Concerning Postmortem Organ Donation: A Multicenter Survey in Various German Cohorts. *Annals of Transplantation, 20*, 614–621.

Wissenschaftlicher Beirat der Bundesärztekammer (1993). Der endgültige Ausfall der gesamten Hirnfunktion („Hirntod") als sicheres Todeszeichen. *Deutsches Ärzteblatt, 90*(44), B2177–B2179.

Ruth Denkhaus, *Mag. Theol.,* ist wissenschaftliche Mitarbeiterin am Zentrum für Gesundheitsethik in Hannover.

Gespräche zur Organspende – Herausforderung für Angehörige

Barbara Denkers

Zusammenfassung

Die Frage nach Organspende bedeutet für Angehörige eine große Herausforderung. Sie sind grundsätzlich Trauernde. Gleichzeitig müssen sie in Ambivalenzen und unterschiedlichen Rollen Entscheidungen treffen, die auch für ihr Leben von Bedeutung sind. Vor dem Hintergrund dieses Spannungsverhältnisses reflektiert der vorliegende Beitrag die Herausforderung und potenzielle Überforderung der Frage nach Organspende für die Angehörigen.

Schlüsselwörter

Seelsorgliche Arbeit · Gesprächsrollen · Trauernde Angehörige · Herausforderung für Angehörige · Frage nach Organspende

1 Einleitung

Der vorliegende Beitrag ist keine wissenschaftliche Erhebung, sondern fußt auf Erfahrungen aus meiner seelsorglichen Arbeit an der Medizinischen Hochschule

B. Denkers (✉)
Evangelisches Klinikpfarramt, Medizinische Hochschule Hannover,
Hannover, Deutschland
e-mail: barbara.denkers@evlka.de

Hannover.[1] Ich werde dabei auch von Begegnungen mit Angehörigen/Zugehörigen am Bett von gehirntoten Menschen berichten – allerdings verfremdet, damit die betroffenen Personen nicht wiedererkannt werden können. Die Herausforderungen für Angehörige bei der Frage nach der Organspende möchte ich hier durch ihre unterschiedlichen Rollen in dieser Situation deutlich machen (Abb. 1).

Rolle verstehe ich hier im Sinne von Verhaltensweisen, Handlungsmustern, Werten und Erwartungen, die der oder die Betreffende einnimmt oder vertritt. Die Rollen, die ich bezogen auf trauernde Menschen im Zusammenhang mit der Organspende schildere, können von den Betroffenen ambivalent erlebt werden.[2]

Trauer bedeutet dabei überdies auch den Verlust der Rolle im Verhältnis zum Verstorbenen: Mit dem toten/gehirntoten Menschen sind die Hinterbliebenen nicht länger Partnerin oder Partner, Schwester, Bruder, Mutter oder Vater, Freundin oder Freund. Auch diese Rollen aufzugeben, gilt es zu betrauern.

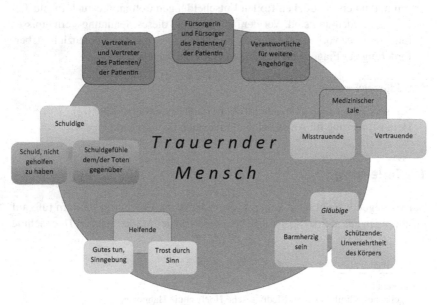

Abb. 1 Die Rollen trauernder Menschen (eigene Darstellung)

---

[1] Der Beitrag basiert auf dem Vortrag der Autorin bei der – der Publikation zugrunde liegenden – Tagung im Juni 2021. Der Vortragsstil wurde beibehalten.
[2] Die Abbildung wurde von der Autorin erstellt und lag dem Vortrag zugrunde.

2   Vorüberlegungen: Die Situation von Trauernden

Um über die unterschiedlichen Rollen der Angehörigen sprechen zu können, ist vorab grundsätzlich etwas zu ihrer Situation zu sagen. Es handelt sich um trauernde Menschen. Um die Herausforderung für Angehörige bei der Frage nach Organspende zu verstehen, ist es notwendig, sich den betreffenden Menschen in ihrer Situation anzunähern – sie zu verstehen als akut trauernde Menschen.

Trauer ist ein ambivalenter, gleichermaßen belastender wie notwendiger Prozess, damit Angehörige nach dem Verlust eines Menschen wieder ins Leben finden können. Die Prozesse des Trauerns brauchen Zeit. Die Komplexität von Trauer hat Kerstin Lammer (2013) für mich treffend und mit meiner Erfahrung übereinstimmend in ihrem Buch *Den Tod begreifen* beschrieben:

> „Die große Diversität von Trauerreaktionen schon in den ersten Minuten und Stunden nach dem Todesfall belegen auch empirisch-quantifizierende Studien, die George Fitchett und Mitarbeiterinnen und Mitarbeiter am Rush-Presbyterian-St. Luke's Medical Center, Illinois, angestellt haben. Von 1978 bis 1980 dokumentierten sie bei Todesfällen von Patientinnen und Patienten ihres Hauses das Verhalten von insgesamt 488 Hinterbliebenen unmittelbar nach dem Erhalt der Todesnachricht und stellten die verschiedensten Verhaltensweisen wie Erstarrung, Protest, Schreien, Verstummen, Nicht-Wahrhaben-Wollen, über Gefühlsäußerungen wie Klagen, Weinen, Aggression oder auch ruhige Akzeptanz bis hin zu allen möglichen Körpersymptomen wie Frieren, Schwitzen, Übelkeit, Schwindel, Zittern etc. fest – insgesamt über 150 unterschiedliche Formen der Trauerreaktionen." (Lammer 2013, S. 200)

Vor diesem Hintergrund leuchtet ein: „Was in den ersten Minuten und Stunden nach dem Tod geschieht, oder nicht geschieht, ist von prägender Bedeutung für den Verlauf von Trauerprozessen." (Lammer 2013, S. 203). Für die Gespräche mit Angehörigen über Organspende ist zudem zu berücksichtigen,

> „[…] dass die Sterbesituation (bzw.: der Empfang der Todesnachricht und das Aufsuchen des Sterbeortes) den Hinterbliebenen oft noch nach Jahren in lebhafter Erinnerung und stark affektiv besetzt bleibt, mithin selbst eine Schlüsselszene des Trauerprozesses ist, in der die sinnliche Aufmerksamkeit und die emotionale Präsenz der Betroffenen offenbar sehr groß sein kann, auch wenn es nach außen nicht so scheint." (Lammer 2013, S. 201 f.)

Die Erhebung aus Illinois sowie die Zitate von Kerstin Lammer beschreiben die Situation der Angehörigen pointiert, und es finden sich darin Übereinstimmungen mit meinen Erfahrungen in der Klinik: *Die erste Aufgabe trauernder Menschen ist es, den Tod eines nahestehenden Menschen zu realisieren.*

Ein hirntoter Mensch zeigt mit Hilfe der Medikation und Beatmung Merkmale des Lebens und nicht des Todes. Das Herz schlägt, die Haut ist warm, der Brustkorb hebt und senkt sich bei jedem Atemzug. Dieser Augenschein steht der wissenschaftlichen Diagnose gegenüber. Dieser Mensch ist (gehirn-)tot. Das ist für Trauernde, die den Tod noch nicht realisiert haben, kaum nachvollziehbar. Sie sollen etwas realisieren, was den Wahrnehmungen ihrer Sinne (Sehen, Hören, Fühlen) nicht entspricht.

Hierzu ein Beispiel aus meiner Praxis: Ich werde zu einer jungen Frau nach einem Motorradunfall gerufen. Der Gehirntod wurde diagnostiziert. An ihrem Bett befindet sich ihre Mutter, sie hat ihre Tochter allein großgezogen, allein steht sie am Bett. Sie ist Ärztin von Beruf. Sie wurde nach der Spende der Organe ihrer Tochter gefragt. Selbst in einer Klinik tätig, erachtet sie die Spende als sinnvoll und lebensstiftend für andere Menschen, womöglich junge Menschen wie ihre Tochter. Sie stimmt der Organentnahme zu. Ruhig und bestimmt wirkt sie in dieser Entscheidung. Die Mutter bleibt am Bett der Tochter, bis sie in den OP gebracht wird. Sie erzählt von ihrer Tochter, aus ihrem Leben, sie weint dabei ein wenig. In dem Moment, als ihre Tochter hinausgefahren werden soll, wirft sich die Mutter auf ihr Bett und ruft: „Nein, sie ist nicht tot, seht ihr denn nicht, wie ihr Herz schlägt?" Ich habe von dieser Mutter gelernt, dass bei allem kognitiven Verstehen der emotionale Prozess seine eigene Zeit und Hilfe beim Realisieren des Todes eines geliebten Menschen braucht und eine eigene Dynamik hat.

3 Konkretionen: Die Rollen der Trauernden

Nun komme ich zu den Rollen, die Angehörige in der Entscheidungssituation über die Organspende der/des verstorbenen Angehörigen unter Umständen einnehmen (vgl. Abb. 1) – die Auflistung hat dabei keinen Anspruch auf Vollständigkeit.

3.1 Vertreterin/Vertreter der Patientin/des Patienten

Angehörige sind bei der Frage nach Organspende herausgefordert, den mutmaßlichen Willen der Patientin/des Patienten zu erheben, wenn kein Organspendeausweis vorhanden ist. Der Satz „Darüber haben wir nie gesprochen" kommt hier nicht selten vor. Sich in der konkreten Situation zu erinnern, wo, wann und wie es Hinweise auf den Willen der Patientin/des Patienten gegeben hat, ist eine anspruchsvolle Aufgabe für die Angehörigen, um dem mutmaßlichen Willen der/des Verstorbenen gerecht zu werden.

3.2　Fürsorgerin/Fürsorger der Patientin/des Patienten

Wenn eine Patientin oder ein Patient in einem anderen Bewusstseinszustand oder hirntot ist, erleben die Angehörigen sich nicht selten als ausgeliefert und wehrlos. Sie möchten den geliebten Menschen beschützen, weil sie oder er es selbst nicht mehr kann. Besonders bei Kindern ist dieser Impuls der Fürsorge und des Beschützen-Wollens sehr groß. So sagte mir der Vater einer gehirntoten Tochter – sie hatte einen Autounfall – bei der Frage nach der Organspende: „Aber sehen Sie denn nicht, wie verletzt sie schon ist, wie das da am Kopf aussieht, und nun wollen Sie sie auch noch aufschneiden, Organe rausnehmen, ihr nicht ihren Frieden gönnen?"

3.3　Vertreterin/Vertreter des eigenen Willens

Diese Rolle kommt dem eben Gesagten schon sehr nah, ist aber mehr auf die eigene Person der/des Angehörigen bezogen. Es stellt sich die Frage: Kann die oder der betreffende Angehörige selbst den Gedanken der Organspende aushalten? Organspende weckt teilweise Phantasien, was mit dem Körper der oder des Betreffenden geschieht. Können die Hinterbliebenen mit diesen Bildern leben? Was ist, wenn sie das nicht können und wollen? Was ist, wenn der mutmaßliche oder bekundete Wille der potenziellen Spenderin/des potenziellen Spenders nicht mit dem Willen der Angehörigen übereinstimmt? Das ist eine ambivalente und sehr herausfordernde Situation für die Angehörigen – nicht selten auch überfordernd.

3.4　Verantwortung und Fürsorge für weitere Angehörige/Zugehörige

Angehörige sind meist noch verbunden mit anderen Menschen in der Familie, im Verwandten- und Bekanntenkreis. In dieser Situation nicht allein zu sein, sich von anderen aus dem eigenen Kreis unterstützt und bedacht zu fühlen, wird oft als wichtige Ressource erlebt: „Wenn ich jetzt meinen Mann etc. nicht hätte." – „Gut, dass ich hier nicht alleine stehe."

Gleichzeitig bleibt auch die Fürsorge für weitere nicht anwesende Angehörige. Hier ergeben sich Fragen, wie sich die Situation möglichst schonend weitertransportieren lässt, z. B.: „Wie soll ich das hier meiner alten gebrechlichen Mutter erklären?" Es ist u. U. auch die Aufgabe der Angehörigen vor Ort in der Klinik, Kontakt zu den anderen nicht anwesenden An- und Zugehörigen zu halten, also

Vermittelnde zu sein, weiterzuleiten, zu erklären oder von der Klinik aus dafür zu sorgen, dass auch andere, eben beispielsweise Kinder, zu Hause versorgt sind, während man selbst auf der Intensivstation ist.

3.5 Helfende

Ein Jugendlicher ist bei einer Radtour von einem Auto erfasst worden. Die Großfamilie kommt in die Klinik. Bei der Frage nach einer Organspende stimmt sie nach ausführlichen Gesprächen untereinander zu. Sie erleben es als sinnvoll. Später treffe ich den Großvater des Jungen wieder, und er sagt mir: „Wie gut, dass er wenigstens noch anderen helfen konnte." Das Erleben, dass noch etwas für andere getan werden konnte, hat hier die Trauer eher gefördert als gestört. Der unmittelbar erfahrenen Sinnlosigkeit nach dem Unfalltod eines Kindes konnte hier Sinn verliehen werden. Dadurch wurde auch die Trauer der Familie befördert. Dem steht allerdings gegenüber, dass dies manchmal auch nicht gelingt.

3.6 Schuldige

In der Kinderklinik bin ich Eltern begegnet, deren 10-jährige Tochter von einem Auto überfahren wurde. Ihr Vater war beim Unfall dabei und hatte seine Tochter kurz vorher gebeten, auf die Autos auf der Straße zu achten, bevor sie über die Straße geht. Seine Tochter blickte nur in eine Richtung und ging los – von der anderen Seite kam ein Auto.

Der Vater war zermürbt von Schuldgefühlen. Warum hat er nicht besser hingesehen? Warum ist er nicht gemeinsam mit der Tochter über die Straße gegangen? Warum konnte er sie nicht beschützen? All das sind zermürbende Fragen und Empfindungen. Schuldgefühle sind in fast jedem Trauerprozess zu finden und hier im Besonderen.

Die Frage nach Organspende bringt die Eltern in Ambivalenzen: Die Mutter möchte, dass ihr Kind nicht noch weiter verletzt wird – so erlebt sie die mögliche Organentnahme. Der Vater ist mit dieser Frage überfordert und mit seinen eigenen Fragen befasst. In dieser Situation sagt ihnen der Arzt: „Wenn es meine Tochter wäre, würde ich der Organspende zustimmen. Sie retten damit anderen Kindern das Leben." Dieser Satz ist für den Vater ausschlaggebend. Er könne anderen Kindern das Leben retten – seinem eigenen Kind nicht. Das Mädchen wird Organspenderin.

Danach habe ich telefonischen Kontakt zur Mutter. Nach einem Jahr sagt sie mir, dass ihr Mann nach wie vor mit seinen Schuldgefühlen zu tun hat, die durch die Freigabe zur Organspende noch vergrößert worden sind. Er empfindet es nun so, dass er auch hier sein kleines Mädchen nicht beschützt hat. Seine Hoffnung, die Schuldgefühle würden sich durch die Hilfe für andere Kinder verringern, hat sich nicht erfüllt – eher das Gegenteil ist eingetreten. Seine Trauer war behindert, und ich habe erfahren, dass dieser Vater eine schwere Depression entwickelt hat. Ich könnte mir vorstellen, dass der Gedanke des Vaters gelingen könnte und Entschuldung erlebt wird, weil etwas ausgeglichen wird – nur mir ist es noch nicht begegnet. Sie als Leserinnen und Leser wissen vielleicht eher darum.

3.7 Medizinische Laien

Angehörige werden mit der medizinischen Multimaximalversorgung konfrontiert: Hier „piept und hupt" es immer, da sind fremde Alarmzeichen, die nicht einzuordnen sind und manchmal sogar erschreckend wirken können. Die Patientin/der Patient wird noch sichtbar mit Medikamenten versorgt, der Monitor zeigt Parameter an, die Zeichen des Lebens sind. Gehirntod wird so für die Angehörigen zu einem abstrakten Begriff, der im Erleben und Realisieren schwer nachvollziehbar ist. Die Sprache der Medizin ist für Laien oft unverständlich und fremd. Medizinische Autoritäten zu hinterfragen, noch einmal nachzufragen, ist nach meiner Erfahrung auch heute noch für viele medizinische Laien ein Angehen.

3.8 Vertrauende oder Misstrauende

Geht es in dieser Klinik nicht darum, dass Organe gebraucht werden? Es ist doch in der Presse zu lesen, dass es viel zu wenig Organe gibt. Wurde auf diesem Hintergrund genug für die Patientin/den Patienten getan? Oder wurde frühzeitig aufgegeben, damit die Organe zur Verfügung stehen? Auch solche Zweifel können Angehörige beschäftigen und sind mir in diesen Formulierungen schon begegnet.

Demgegenüber kann aber auch eine andere Rolle oder Haltung stehen: Ärztinnen und Ärzte als Kapazitäten in ihrer Profession müssen es ja wissen, wie jetzt zu handeln ist, was in dieser Situation gut sein kann. Die Verantwortung einer Entscheidung kann hier an die handelnden Ärztinnen und Ärzte delegiert werden: „Ja, wenn Sie das sagen, machen wir das so." Trotz des Vertrauens in den Arzt und die Ärztin bleibt es letztlich die Herausforderung der Angehörigen, zu einer differenzierten Entscheidung zu finden.

3.9 Gläubige

Sind Angehörige gläubig, werden sie sich auch auf diesem Hintergrund Fragen stellen, wie die folgenden Beispiele aus der Praxis zeigen:

- „Gott hat uns doch so gemacht, dürfen wir das verändern?"
- „Braucht er denn seine Organe nicht für seine Auferstehung? Vielleicht fehlt ihm dann etwas."

Organspende kann auch als Zeichen der Barmherzigkeit und Nächstenliebe erlebt werden:

- „Ich glaube, Gott will, dass ich die Organe weitergebe, mein Mann braucht sie doch nicht mehr."
- „Durch meine Frau können andere gerettet werden, vielleicht sichert ihr das einen Platz im Himmel."
- „Wer ein gutes Herz hat, nimmt es nicht mit in den Himmel."

An dieser Stelle möchte ich auf die Symbolik bzw. „magischen Aufladungen" von Organen verweisen. Denn nicht selten werden Organe mit symbolischen Bedeutungen verbunden, mit transzendenten Vorstellungen. Das drückt sich schon im alltäglichen Sprachgebrauch aus: Das geht mir an die Nieren, man nimmt sich etwas zu Herzen, etwas bereitet Kopfschmerzen. Unser Herz wird hier nicht selten als Sitz des Gefühls benannt.

In diesem Zusammenhang können die Vorstellungen vorherrschen, dass sich etwas von einer Person durch die Organtransplantation in eine andere transportiert. Als würde auch ein Teil der Seele transplantiert: „Wenn ich die Leber von einem Dieb kriege, werde ich dann auch ein Dieb?", fragte ein kleiner Junge meine Kollegin. „Wenn ich transplantiert bin, werde ich dann meine Frau noch so lieben wie vorher?" fragte mich ein Patient vor seiner Herztransplantation. Persönlichkeitszüge und Charaktere transportieren sich in dieser Vorstellung mit. Und nicht zuletzt erleben viele trauernde Angehörige diese Vorstellung als tröstlich: Durch die Organe lebt etwas von der/dem Betroffenen in einem anderen Menschen weiter.

4   Die Spannungsverhältnisse der Angehörigen

Die unterschiedlichen Rollen machen die Ambivalenzen der Angehörigen sowie ihre Anspannung und die hohe Herausforderung bzw. Überforderung der Angehörigen deutlich:

- Medizinischer Laie zu sein, sich mit der Komplexität einer medizinischen Multimaximalversorgung konfrontiert zu sehen, erschwert einerseits die Situation. Andererseits können sich Angehörige auch darauf zurückziehen, dass die medizinischen Profis schon wissen, was sie tun.
- Einerseits besteht die Möglichkeit, Gutes für andere zu tun, und andererseits will man den nahestehenden Menschen doch schützen. Der Wunsch ist es dabei, ihr/ihm gerecht zu werden.
- Kann der Hilflosigkeit und Ohnmacht angesichts des Todes entronnen werden, wenn die Organspende für mehrere Menschen Sinn macht, lebensstiftend ist? Wird für die Angehörigen selbst ein Sinn entdeckt, der die Sinnlosigkeit des Todes aufwiegt? Oder entstehen eher Zweifel oder sogar Schuldgefühle, den nahen Angehörigen nicht ausreichend beschützt zu haben?
- Die Anspannung der Ambivalenzen der Religiosität bzw. des Glaubens und die Herausforderung, das Geschehen in die eigene spirituelle Haltung einzuordnen: Ist Organspende ein Akt der Barmherzigkeit und Nächstenliebe oder ein Eingriff in die Schöpfung Gottes?

Es bestehen aber auch Spannungen zwischen Angehörigen: Die Ambivalenz durch die unterschiedlichen Rollen bringt den oder die Einzelne zu verschiedenen Entscheidungen. Das kann auch zu Konflikten unter Angehörigen führen. Nicht immer sind sie einhellig einer Meinung in der Fülle der Ambivalenzen. Umgekehrt kann die Entscheidung auch versöhnen, weil die Situation durch die Organspende einen Sinn bekommt, indem sie Leben fördert.

Eine weitere Ebene der Spannung bezieht sich auf Angehörige und Ärzte bzw. Ärztinnen: Angehörige sind mit Verlust, Trauer und Abschied beschäftigt. Demgegenüber steht die Frage der Ärztinnen und Ärzte nach Organen. Sie symbolisiert erst einmal die Frage nach dem Leben und der Zukunft für andere. Beides trifft im Gespräch zwischen Ärztinnen/Ärzten und Angehörigen aufeinander. Schon das ist eine Spannung und nicht selten eine divergierende Bewegung.

5   Merkpunkte für das Gespräch mit Angehörigen bei der Frage nach der Organspende

Die Frage nach der Organspende verlangt den Angehörigen emotional und kognitiv viel ab, das wird deutlich. Sie verlangt auch den aufklärenden Ärztinnen und Ärzten viel ab. Es ist ein hohes Maß an Reflexionsvermögen von beiden Seiten im Gespräch gefordert – und ärztlicherseits viel Einfühlungsvermögen.

Die Herausforderung im Gespräch ist die Kenntnis und der Respekt vor der emotionalen Komplexität, hohen Ambivalenz und Belastung in der Trauer Angehöriger. Die folgenden Merkpunkte sollten im Gespräch mit Angehörigen reflektiert werden:

- Es ist bedeutsam, in einer transparenten und für Gesprächspartnerinnen und Gesprächspartner verständlichen Sprache zu sprechen und die Komplexität medizinischer Vorgänge so herunterzubrechen, dass Laien sie verstehen können.
- Ambivalenzen sollten ernst- und aufgenommen und *nicht* zu einer Seite aufgelöst werden.
- Das Ziel ist die uneingeschränkte Akzeptanz einer getroffenen Entscheidung – die Angehörigen müssen mit dieser Entscheidung weiterleben.
- Es gilt wertzuschätzen, dass zu einer Entscheidung gefunden wurde. Die oben genannten Rollen und die beschriebene Trauersituation verdeutlichen, mit welchen Herausforderungen bzw. Zumutungen Angehörige durch die Frage nach der Organspende konfrontiert sind und welche Leistung es für sie ist, in der ersten Trauer eine Entscheidung zu treffen.
- Trauer braucht Zeit und Raum – ebenso eine Entscheidung zur Organspende.
- Wenn sich Angehörige für eine Organspende entscheiden, brauchen sie die Gewissheit und das Vertrauen, dass die Organspenderinnen und Organspender gut behandelt werden. Es braucht die Sicherheit, dass sie noch als die Person, die sie waren, behandelt und nicht zu Organlieferanten gemacht werden, sondern mit Respekt und Würde behandelt werden.

Literatur

Lammer, K. (2013). *Den Tod begreifen*. Neukirchen-Vluyn: Neukirchener Verlagsgesellschaft.

Barbara Denkers ist Diakonin und als Klinikseelsorgerin an der Medizinischen Hochschule Hannover tätig. Sie arbeitet zudem als Lehrsupervisorin (Deutsche Gesellschaft für Pastoralpsychologie/Klinische Seelsorgeausbildung) und Coach.

Trauer – Wut – Schuld – Angst. Emotionen und Reaktionen im akuten Entscheidungsprozess zur Organspende

Susanne Hirsmüller und Margit Schröer

Zusammenfassung

Ein akuter Entscheidungsprozess im Kontext einer potenziellen Organspende löst bei den Beteiligten verschiedenste Gefühle und Emotionen aus. Besonders das professionell begleitende Team steht vor der Herausforderung, das jeweilige Gegenüber mit seinen Gefühlen wahrzunehmen, zu respektieren, eine professionelle Nähe herzustellen und das Thema Organspende sensibel anzusprechen, um eine Entscheidung im Sinne des/der Verstorbenen herbeizuführen.

Schlüsselwörter

Emotionen · Gefühle · Angehörige · Professionelles Team · BASIS Modell

S. Hirsmüller (✉)
Hebammenkunde, Fliedner Fachhochschule, Düsseldorf, Deutschland
e-mail: hirsmueller@fliedner-fachhochschule.de

M. Schröer
Düsseldorf, Deutschland
e-mail: info@medizinethikteam.de

1   Einleitung

„Du kannst deine Augen verschließen, wenn du etwas nicht sehen willst, aber du kannst nicht dein Herz verschließen, wenn du etwas nicht fühlen willst." (*Johnny Depp*[1])

Gefühle leiten unser Handeln – ob wir uns ihrer bewusst sind oder nicht. In Gesprächen zum Thema Organspende ist es von herausragender Bedeutung, diese Gefühle bzw. die Emotionen – sowohl bei den Gesprächspartnerinnen und Gesprächspartnern (den Angehörigen[2]) als auch bei uns selbst (den Teammitgliedern) – wahrzunehmen, sie zu erkennen sowie sie auch anzuerkennen und zu akzeptieren. Da es sich dabei mehrheitlich um sogenannte „negative" Gefühle wie z. B. Trauer, Wut, Schuld und Angst handelt, stellt dies für alle Beteiligten eine große Herausforderung dar. Auf die schwierige Konnotation von Gefühlen als „negativ" gehen wir an späterer Stelle (vgl. Abschn. 3) ein.

Wir gliedern unsere Gedanken dazu in vier Abschnitte und geben zunächst Einblicke in aktuelle Erkenntnisse der Psychologie zu Emotionen und Gefühlen (Abschn. 2). Im Weiteren gilt der Blick zum einen Emotionen und Gefühlen der Angehörigen von Menschen mit irreversiblem Hirnfunktionsausfall (Abschn. 3) sowie zum anderen Emotionen und Gefühlen der Teammitglieder, die um eine Organspende bitten (Abschn. 4). Daran anschließend reflektieren wir den Umgang mit belastenden Emotionen und Gefühlen auf Seiten der Teammitglieder (Abschn. 5) und überführen die Gedanken in ein Fazit (Abschn. 6).

2   Einblicke in aktuelle Erkenntnisse der Psychologie zu Emotionen und Gefühlen

Wenn wir uns mit Gefühlen beschäftigen, fällt auf, dass sie zwar allgegenwärtig sind, jedoch zum einen von den „Betroffenen" nur selten konkret benannt werden können und zum anderen im alltäglichen Sprachgebrauch nicht zwischen den Begriffen Emotion und Gefühl differenziert wird. Stattdessen werden unterschiedliche Begriffe wie z. B. Stimmungen, Affekte, Gefühle, Leidenschaften, Empfindungen, Sinnlichkeiten, Erregungen oder Temperament meist synonym verwendet

---

[1] Das Zitat wird vielfach Jonny Depp zugeschrieben. Ein entsprechender Literaturbeleg konnte jedoch nicht identifiziert werden.

[2] Der Begriff „Angehörige" meint in diesem Text diejenige(n) Person(en), die unmittelbar betroffen sind – unabhängig davon, ob sie tatsächlich mit dem potenziellen Spender bzw. der potenziellen Spenderin verwandt sind.

(Huber 2020). Dass dies nicht nur Laien so geht, sondern auch in der aktuellen wissenschaftlichen Debatte längst keine Einigkeit in der Begriffsdefinition besteht, beschreibt Huber eindrücklich mit der Formulierung *Definitionspluralität in der Emotionsforschung:* „Es ist daher auch nachvollziehbar, dass viele Befunde aus der Emotionsforschung widersprüchlich sind, missverständlich interpretiert werden oder schlichtweg nicht replizierbar sind." (ebd., S. 63 f.). Wir werden daher zunächst beschreiben, wie wir die beiden Begriffe „Emotion" und „Gefühl" in diesem Artikel verstehen und anwenden.

2.1 Emotionen

Grundsätzlich werden nach Huber zwei verschiedene Erklärungsmodelle in der Psychologie beschrieben:

(a) Emotionen sind die *Folge einer somatischen Reaktion* auf ein bestimmtes Ereignis, hierzu zählt z. B. die von Ekman 1992 eingeführte (und später von anderen weiterentwickelte) Theorie der Basisemotionen. Bei diesem Ansatz geht man davon aus, dass zunächst die körperliche Reaktion erfolgt und das Erleben dieser dann erst die Emotion auslöst.

(b) Emotionen sind die *Folge eines kognitiven Bewertungsprozesses* eines bestimmten Ereignisses. Hierzu zählen z. B. die von Arnold 1960 eingeführten (und von Lazarus als zentralem Vertreter 1991 weiterentwickelten) Bewertungstheorien. Die emotionale Reaktion auf ein Ereignis kann – je nach subjektiver Bewertung desselben – ganz unterschiedlich ausfallen. Aus diesen kognitiven Ansätzen gingen auch die Modelle der willentlichen Emotionsregulation (vgl. Schmidt-Atzert et al. 2014, S. 165–169) hervor.

Emotionen sind damit wesentlicher Bestandteil des menschlichen Organismus und für die Homöostase[3] relevant. Sie sind der expressiv-affektive Ausdruck eines Gefühls, das vom Gegenüber erkannt und interpretiert werden kann (vgl. das Beispiel Abb. 1).

---

[3] Homöostase beschreibt einen Zustand der Ausgewogenheit, der stets vom Organismus angestrebt wird.

Wenn z.B. ein junger Assistenzarzt im Rahmen eines Audits plötzlich aufgefordert wird, die Präsentation einer Kollegin zu übernehmen, da diese krankheitsbedingt absagen musste, ist es durchaus vorstellbar, dass er in den ersten Minuten mit unsicherer Stimme spricht, leicht zittert, mehrmals hilfesuchend zu seiner Oberärztin blickt und ihm nach dem dritten Fehler beinahe Tränen in den Augen stehen. Vielleicht bricht er die Präsentation ab oder hält kurz inne, um durchzuatmen und einen Schluck zu trinken.

Den meisten Leserinnen und Lesern sind solche Situationen bekannt, und viele würden dieses Verhalten als eine klassische Stressreaktion interpretieren, vermutlich ausgelöst durch die berechtigte Angst, unerwartet in einer für die Klinik wichtigen Situation vor fremden Personen zu sprechen. Und einige würden vermutlich, bestärkt durch ähnliche Erfahrungen und motiviert durch die eigene Irritation, aufmunternde Worte finden oder mit tröstend verständnisvollen Gesten versuchen, dem jungen Kollegen beizustehen.

Es wäre jedoch durchaus möglich, dass nicht die unerwartete Aufforderung bzw. die Situation des Vortragens die emotionsauslösende Situation bedingt, sondern dass die Kenntnis der ernsten Erkrankung der Kollegin den Vortragenden sehr besorgt, da er in sie verliebt ist. Seine eigene Betroffenheit und Besorgnis sind es, die das in der Situation zu beobachtende Verhalten auslösen (in Anlehnung an Huber, 2020, S. 77).

Abb. 1 Zusammenhang Emotion – Erfahrung – Lebenswirklichkeit

2.2 Gefühle

Die Unterscheidung von Gefühl und Emotion lässt sich mit folgender Aussage verdeutlichen: das Gefühl (the feeling) bzw. das Gefühl einer Emotion (the feeling of the emotion) ist die „bewusste Wahrnehmung von Körperzustandsveränderungen gemeinsam mit den sie begleitenden Vorstellungsbildern, subjektiven Bewertungen und mentalen Repräsentationen" (Huber 2020, S. 76). Das Gefühl dauert meist länger als eine Emotion, beschreibt demnach ein subjektives Erleben und bleibt damit dem individuellen Erleben vorbehalten. Nach dieser Definition können Gefühle – anders als Emotionen – nicht von Dritten wahrgenommen, sondern allenfalls vermutet werden.

Gefühle sind Quellen der (Selbst-)Erkenntnis: wir sind über sie fühlend mit der Natur und den Menschen verbunden. Sie berühren, erschüttern, lähmen, überwältigen, stoßen uns ab, ziehen uns an oder zeigen uns auf andere Weise, wie es uns geht. Gefühlserfahrungen (d. h. die Wahrnehmung, Kenntnis und Akzeptanz eigener Gefühle) sind Voraussetzung dafür, vom Leid anderer Menschen bewegt zu werden. Tragend ist dabei das Mitgefühl. Wer sich selbst als vulnerabel erlebt hat, entwickelt Sensibilität für die Notlagen von Mitmenschen.

Durch Gefühle werden wir als Person sichtbar – sie sind Bausteine unserer Persönlichkeit. Gefühle strukturieren unsere Wahrnehmung. Die amerikanische Philosophin Nussbaum (Gröning 2018, S. 96) verortet in den Gefühlen die morali-

schen Kerne der Menschen. Jedes Gefühl verweist laut Nussbaum auf das Person-
sein eines Menschen und ist deshalb mit Takt und Achtung zu behandeln. Deshalb
reagieren Menschen so aufbrausend, wenn ein für sie wichtiger Wert von anderen
beschämt oder verletzt wird. Die geteilte Empfindungs- und Leidensfähigkeit ist
also die Grundlage für die Empathie und Solidarität mit anderen Menschen – Mitgefühl gelingt nur, wenn wir uns selbst als verletzbare Wesen sehen, die in dieselbe
Situation kommen können.

Anhand des Beispiels (Abb. 1) wird deutlich, dass Emotionen und ihre Auslöser
sowie Gefühle und ihr intentionaler Gehalt immer von der eigenen Erfahrung und
Lebenswirklichkeit abhängig sind. Eine Benennung und Bestimmung von außen
trägt daher stets das Risiko der Fehlinterpretation in sich. Damit wird ersichtlich,
dass besonders das Rückschließen von eigenen Gefühlen („Wie würde es mir in
dieser Situation jetzt gehen?") auf die der Gesprächspartnerin oder des Gesprächs-
partners höchst problematisch ist oder sein kann.

Das Beispiel zeigt, dass die Interpretation des Emotionsausdrucks eines anderen Menschen äußerst fehleranfällig ist, selbst von geschulten Personen. Dies hat
mehrere Ursachen: die unbewusste Reduktion der komplexen Wahrnehmungen,
die kultur- und milieuspezifische individuelle Interpretation, die möglicherweise
falsche Ursachenzuschreibung für die wahrgenommene Emotion und nicht zuletzt
die jeweils eigenen, den Interpretationsakt begleitenden emotionalen Reaktionen.
Das Gegenüber und seine Emotionen sowie Gefühle können also nur (mit einiger
Sicherheit) korrekt verstanden werden, wenn sich beide darüber austauschen. Hiermit wird die Notwendigkeit der Kommunikation von und über Emotionen sehr
deutlich, ohne die ein Verstehen fremden – und nicht selten auch des eigenen – Verhaltens kaum möglich sein wird.

„Denn erst in der sozialen Interaktion wird die Möglichkeit eröffnet, sich über
die emotionsauslösenden Situationen zu verständigen, das Ausdrucksverhalten
richtig zu deuten, den intentionalen Gehalt der Emotion nachzuvollziehen, die Bedeutung von Vorstellungsbildern, Bewertungen und Interpretationen zu erkennen,
richtig zuzuordnen und somit Verhalten und Erleben gleichermaßen zu verstehen."
(Huber 2020, S. 81).

Unschwer nachzuvollziehen ist außerdem, dass Menschen dazu tendieren, sogenannte positive Gefühle bei sich selbst maximieren zu wollen, wohingegen sie
sich vor sogenannten negativen Gefühlen weitestgehend schützen möchten.

Emotionen sind als Ergebnis von Bewertungsvorgängen, die in bestimmten
Hirnstrukturen entstehen, mit biologischen Reaktionen des Körpers wie z. B. Veränderungen an Organen (Harndrang, Tachykardie/Herzrasen, Schweißausbrüche,
Hormonausschüttung), Muskeln (Anspannung, Erschlaffung) und Gefäßen (Errö-
ten, Erbleichen) verbunden. Bei jeder Emotion werden die folgenden drei Komponenten unterschieden (Brandstätter et al. 2018):

1. *physiologische Komponente* (Reaktionen der neuronalen und hormonellen Systeme)
2. *motorisch-expressive Komponente* (mimische und gestische Signale in zwischenmenschlicher Kommunikation)
3. *kognitiv-motivationale Komponente* (wir bewerten eine Situation und verhalten uns entsprechend, so z. B. anhand der Kategorisierung in wichtig – unwichtig, angenehm – unangenehm oder auch anhand der Ausrichtung des Vorgehens bzgl. Annäherung – Abwendung, Kampf – Begehren u. a. m.)

Die letzte (kognitive) Komponente ist jedoch in Schock- und Stresssituationen häufig nicht nutzbar – sie ist wie ausgeschaltet, und die/der Betroffene wird eher von einer *affektiv*-motivationalen Komponente dominiert. Affekte sind Sonderfälle emotionaler Vorgänge mit plötzlichem Beginn und hoher Erregungsintensität. Sie haben meist einen akuten Auslöser wie z. B. heftige Wut.

Der Ausdruck von Emotionen ist eine wichtige Kommunikationsebene in der menschlichen Interaktion. Wir lesen und entschlüsseln das Verhalten unseres Gegenübers durch Beobachtung der Mimik, der Gestik, des Tonfalls usw. Dies wurde u. a. von amerikanischen Psychologen in zahlreichen Studien untersucht. Dabei haben Mehrabian und Ferris (1967) herausgefunden, dass die Bedeutung und Wirkung einer Nachricht nur

- zu ca. 7 % durch die Sprache,
- zu ca. 38 % durch paraverbale Signale – d. h. durch Lautstärke, Tonfall, Dialekt, Pausen
- und zu ca. 55 % durch nonverbale Signale – d. h. Mimik und Gestik – vermittelt wird.

Oft sagt uns also die Körpersprache unseres Gegenübers viel klarer, wahrhaftiger und schneller, worum es geht, als es die gesprochenen Worte vermitteln oder verbergen können. Das bedeutet aber auch, dass die Art und Weise, wie jemand etwas sagt, oft emotional wirkmächtiger ist als das, was er oder sie (inhaltlich) sagt. Dabei sind natürlich auch Fehlinterpretationen aufgrund eigener Gefühle bzw. Interpretationen möglich.

In den letzten 15 Jahren war es ein zentrales Anliegen der Sozialen Neurowissenschaften, zu erforschen, wie wir andere Menschen verstehen. Demnach sind hierzu drei unterschiedliche Ebenen erforderlich (Hein 2018, S. 195 f.):

1. *Theory of Mind:* Wenn wir in der Lage sind, uns in mentale Zustände anderer hineinzuversetzen, können wir ihre Gedanken, Glaubensüberzeugungen und Intentionen verstehen.
2. *Spiegelneurone:* Wenn wir in der Lage sind, die Handlungsabsichten anderer zu erkennen und vorherzusehen, können wir rasch entscheiden, ob z. B. Annäherung oder Flucht- bzw. Angriffsverhalten erforderlich sind.
3. *Empathie:* Wenn wir in der Lage sind, uns in die Emotionen anderer einzufühlen, erhöht dies die Wahrscheinlichkeit gelingender sozialer Interaktionen.

Diese drei „Routen des Verstehens" anderer (ebd.) werden wahrscheinlich in den meisten Situationen parallel aktiviert. Mit neurowissenschaftlichen Untersuchungen konnte festgestellt werden, welche Route in einem spezifischen sozialen Kontext am effizientesten ist, d. h. die stärkste neuronale Aktivität zeigt (vgl. ebd. sowie Lamm et al. 2011). Mittlerweile wurde nachgewiesen, dass unsere Spiegelneurone auf die Mimik und Gestik unserer Interaktionspartner und -partnerinnen automatisiert in Bruchteilen von Sekunden (300–400 ms) reagieren.[4]

Nach dieser Einführung wenden wir uns nun einer spezifischen, sehr emotionalen Situation zu: der Anfrage nach einer möglichen Organspende. Im Jahr 2021 wurden in Deutschland insgesamt 2905 Organe von 933 Spenderinnen und Spendern postmortal transplantiert (DSO 2021, S. 8). Die Anzahl der angefragten potenziellen Spenderangehörigen liegt deutlich höher (Kontaktaufnahme DSO in 1558 Fällen).[5] Die Frage, ob ein Patient oder eine Patientin (stellvertretend ihre Angehörigen) im Fall eines irreversiblen Hirnfunktionsausfalls (IHA) Organe zur Transplantation freigeben möchte, ist für alle Beteiligten eine emotionale Ausnahmesituation, wobei sich die Angehörigen (vgl. 3) und die Teammitglieder (vgl. 4) in unterschiedlichen Gefühlssituationen befinden.

---

[4] „Die Simulation der Emotion beginnt mit der mimischen Nachahmung der Emotion des beobachteten Gesichts (1). Anschließend wird innerhalb von Millisekunden (80–120 ms nach Adolphs (2002), 300 ms nach Goldmann) die ‚Als-ob-Schleife' durch die Aktivierung der motorischen Kortexareale geschlossen (2 und 3) und die beobachtete Emotion im Subjekt simuliert." (Goldman und Scripada 2005).

[5] Vgl. hierzu S. 9 des Berichts „zur Tätigkeit der Entnahmekrankenhäuser über die Tätigkeit der Transplantationsbeauftragten, den Stand der Organspende in den Entnahmekrankenhäusern sowie die Ergebnisse der Einzelfallauswertung der Todesfälle mit primärer und sekundärer Hirnschädigung. Berichtsjahr 2021 – Datenjahr 2020" unter https://www.dso.de/EKH_Statistics/EKH-Berichte-Bundesweit/2020/Deutschland_2020.pdf. Zugegriffen: 2. August 2022.

3 Emotionen/Gefühle der Angehörigen von Menschen mit irreversiblem Hirnfunktionsausfall

Unsere langjährigen beruflichen Erfahrungen mit dem Lebensende und Sterben haben uns gezeigt, dass die Emotionen der Angehörigen nach einer Todesmitteilung noch sehr „roh" und „ungeschliffen" sind. Nach einiger Zeit werden sie jedoch meist vom Verstand in Richtung soziale Erwünschtheit „gedeckelt" und verändert: Männer weinen dann nicht mehr, Trauernde versuchen häufiger, ihre Gefühle zu verbergen. Den ersten Schock nach solch einer Mitteilung beschreibt de Kerangal (2015) in ihrem Roman „Die Lebenden reparieren" (Abb. 2): Marianne, die Mutter des auf dem Heimweg vom Surfen bei einem Autounfall verunglückten 17-jährigen Simon, wird per Telefon über sein schweres Schädel-Hirn-Trauma informiert:

Dieses „sich selbst im Spiegel nicht wiedererkennen können" beschreibt deutlich das plötzliche Herausfallen aus der bisherigen Realität und Lebenswelt und markiert die Teilung in ein Davor und ein Danach in der Lebensbiographie der Angehörigen.

In solchen Ausnahmesituationen, wenn Menschen z. B. eine für sie wichtige Information erwarten, sind sie für die Körpersprache der beteiligten Fachleute extrem sensibilisiert, sie achten genau auf deren Mimik und Gestik, jedes kleinste Zeichen wird gedeutet. Man könnte sagen, „sie haben alle Antennen ausgefahren", um evtl. entscheidende Signale im Gesichtsausdruck bzw. der Mimik und Gestik zu erfassen.

> *Nach der Nachricht vom Krankenhaus lief Marianne ins Bad, um sich mit kaltem Wasser das Gesicht zu waschen. „Als sie den Kopf vom Waschbecken hochhob, im Spiegel ihrem Blick begegnete [...]", begriff sie, „dass sie sich nicht wiedererkannte, dass sie bereits entstellt war, dass sie eine andere zu werden begann. Ein Stück ihres Lebens, ein massives, noch warmes, kompaktes Stück, löste sich aus der Gegenwart, um in eine vergangene Zeit zu kippen, zu fallen und darin zu verschwinden. Sie nahm Geröllabgänge wahr, Erdrutsche, Verwerfungen, durch die sich der Boden unter ihren Füßen auftat. Etwas verschloss sich wieder, etwas war jetzt außer Reichweite – ein Felsstück trennte sich vom Plateau und stürzte ins Meer, eine Halbinsel riss sich langsam vom Kontinent los und trieb einsam ins offene Meer hinaus, der Eingang einer Wunderhöhle war plötzlich von einem Gesteinsblock versperrt –, die Vergangenheit breitete sich auf einmal mächtig aus, Leben fressendes Ungeheuer, und die Gegenwart bestand nur aus einer ultradünnen Schwelle, einer Linie, jenseits deren [sic!] es nichts Bekanntes mehr gab. Das Telefonläuten hatte die Kontinuität der Zeit durchbrochen, Marianne, die Hände ans Waschbecken geklammert, versteinerte schockstarr vor ihrem Spiegelbild." (de Kerangal, 2015, S. 43)*

Abb. 2 Reaktionen in Ausnahmesituationen (1)

Die Mitteilung des IHA löst nachvollziehbar zunächst einen Schock bei den Angehörigen aus. Nach und nach folgen starke Emotionen wie Ärger, Wut, Angst, Verzweiflung, Trauer, Hoffnungslosigkeit, Aggressivität, Enttäuschung, Hilflosigkeit, Ohnmacht, Empörung und nicht selten auch Schuldgefühle. Auch hierzu ein Zitat aus dem Roman (Abb. 3): Nach einem Gespräch mit dem Transplantationsbeauftragen in der Klinik und einem Besuch bei ihrem Sohn sitzen die Eltern im Auto, um zu überlegen, wie sie sich entscheiden sollen. Sean, der Vater, macht sich Vorwürfe.

Psychotherapeutinnen und -therapeuten sowie Trauerbegleiterinnen und -begleiter zeigen mit der Aussage „In einer nicht-normalen Situation normal zu reagieren, ist nicht normal!" Verständnis für Angehörige und deren Ausnahmesituation. An dieser Stelle möchten wir dafür sensibilisieren, diese mehr oder weniger nach außen ausgelebten Emotionen nicht mit dem Adjektiv „negativ" zu belegen. Sicherlich sind Verzweiflung, Hoffnungslosigkeit oder Schuldgefühle unerwünscht und sehr belastend, jedoch in dieser Situation durchaus adäquat und wahrscheinlich im Prozess der Auseinandersetzung mit der schockierenden Situation sogar erforderlich. Die Konnotation als „negativ" kann – besonders bei Personen mit einer frühen Sozialisation, die z. B. Wut als „nicht erwünscht" vermittelt hat – dazu führen, dass Betroffene nicht nur wütend und verzweifelt sind, sondern sich deswegen auch noch schlecht fühlen, sich möglicherweise sogar selbst ablehnen.

In mehreren Studien wurde das Erleben von Angehörigen, die um die Freigabe der Organe eines Angehörigen mit IHA gebeten wurden, untersucht (de Groot et al. 2015; Kentish-Barnes et al. 2018; Kerstis und Widarsson 2020). Dabei sind folgende Gemeinsamkeiten gefunden worden:

„Ich hätte ihm das Surfbrett nicht bauen sollen. Sean drückt seine Kippe im Aschenbecher aus, dann beugt er sich vor und schlägt den Kopf gegen das Lenkrad, bang, seine Stirn prallt heftig vom Kunststoff ab, Sean! schreit Marianne erschrocken, aber er macht weiter, schneller, wieder und wieder auf die selbe Stelle, bang, bang, bang, hör auf, hör sofort auf, Marianne packt ihn an der Schulter, um ihn zu stoppen, ihn zurückzuhalten, doch er stößt sie mit dem Ellenbogen weg, so dass sie gegen die Tür geschleudert wird, und während sie sich aufrappelt, haut er die Zähne ins Lenkrad, beißt in den Kunststoff, stößt ein ohrenbetäubendes Gebrüll aus, ein wildes, dunkles Gebrüll, es ist unerträglich, ein Schrei, den sie nicht hören will, alles, aber nicht das, sie will, dass er schweigt, also greift sie ihm in den Nacken, […] zieht seinen Kopf zurück, […] bis sein Kopf wieder mit geschlossenen Augen an der Kopfstütze ruht, die Stirn glühend rot von den Stößen, bis das Brüllen zur Klage wird, dann lässt sie ihn zitternd los […] Sean, ich will nicht, dass wir wahnsinnig werden […] sie ermisst den Wahnsinn, der in ihnen wächst, als einzigen rationalen Ausweg aus diesem Alptraum nie gekannten Ausmaßes." (de Kerangal, 2015, S. 129f.)

Abb. 3 Reaktionen in Ausnahmesituationen (2)

- Einige erleben die Frage nach einer Organspende als Zumutung.
- Andere können oder wollen es einfach nicht wahrhaben („Wir können die Wahrheit noch nicht annehmen und ertragen.").
- Wieder andere sind hin- und hergerissen in der Ambivalenz zwischen diffusen Ängsten, Wut, Verzweiflung etc. und der immerwährenden Hoffnung, dass doch noch ein Wunder geschieht.

In den allermeisten Fällen fühlen sich die Angehörigen wie „von Null auf Hundert" in diese Situation katapultiert; sie haben für solch eine existenzielle Katastrophe kein gelerntes Muster, kein Vorbild zu Verfügung. Es gab in ihrem bisherigen Leben meist kein vergleichbares Ereignis, welches so existenziell, dramatisch und akut war und bei dem ihnen auch noch eine so schwerwiegende Entscheidung in relativer Zeitknappheit abverlangt wurde. Durch ein von ihnen nicht zu differenzierendes Gefühlschaos, das sich wie eine schwarze Wolke über das eigene Leben legt, entsteht eine emotionale Überforderung. Einige der Betroffenen haben außerdem noch nie zuvor das Sterben eines geliebten Menschen erlebt, und falls doch, in der Regel bei hochbetagten Menschen und/oder nach langer Krankheit, in der sie sich langsam an diese Situation anpassen konnten. Diese dysfunktionalen Gefühlszustände führen häufig vorübergehend zu irrationalem Denken, d. h. die Betroffenen sind in dieser Situation nicht zu einer rationalen Abwägung fähig.[6]

4   Emotionen/Gefühle der Teammitglieder, die um eine Organspende bitten

Wie oben beschrieben, sind die Gespräche im Zusammenhang mit einer potenziellen Organentnahme auch für die professionellen Teammitglieder (aus Medizin, Pflege, Therapie,[7] Seelsorge und Sozialarbeit) stets eine Ausnahmesituation und

---

[6]Auch im Anschluss an erfolgte Entscheidungen zeigt sich, dass der Umgang mit und die Verarbeitung von Emotionen Wege und Ausdrucksformen sucht. Ein Beispiel hierfür sind Traueranzeigen für Organe spendende und (seltener) auch für Organe empfangende Menschen; vgl. exemplarisch die Anzeige eines Organspenders im Trierer Volksfreund vom 05.12.2020 (online unter: https://volksfreund.trauer.de/traueranzeige/norman-bohn. Zugegriffen: 30.03.2022) bzw. die Anzeige eines Organspende-Empfängers in der Ostseezeitung vom 05.06.2021 (online unter: https://trauer-anzeigen.de/traueranzeige/ralf%2D%2D1970. Zugegriffen: 30.03.2022).

[7]Hier sind Psychologinnen und Psychologen bzw. Psychotherapeutinnen und -therapeuten sowie Physiotherapeutinnen und -therapeuten gemeint.

Herausforderung, selbst wenn sie diese bereits mehrfach geführt haben. So finden sich auf der Seite der Teammitglieder u. a.:

- Anspannung, ggf. Angst vor dem Gespräch und den Reaktionen der Angehörigen
- Betroffen-Sein (vom Schicksal der Menschen, mal mehr, mal weniger – je nach Identifikation mit der Patientin oder dem Patienten und/oder deren Angehörigen)
- Mitgefühl/Empathie oder aber bereits Mitgefühlsermüdung (das bedeutet, dass man selbst aufgrund emotionaler Überforderung oder sonstiger Überlastung nicht (mehr) zum Mitgefühl fähig ist)
- Unsicherheit (bzgl. der Reaktion der Angefragten, ggf. bzgl. der Situation, wenn sie neu oder ungewöhnlich ist)
- Insuffizienzgefühle (wenn eine Rettung der Patientin bzw. des Patienten (vermeintlich) möglich gewesen wäre, aber nicht gelang, oder wenn trotz großen Engagements die Zustimmung zur Organentnahme nicht gegeben wurde)
- Enttäuschung/Wut (bei Ablehnung der Organspende durch An- und Zugehörige oder, wenn es eine Zustimmung zur Organentnahme gibt, aber die Entnahme oder Transplantation an irgendwelchen anderen Umständen scheitert)

Auch jedes Teammitglied hat Emotionen und „darf" diese auch zeigen. Die Aufgabe besteht darin, sowohl die eigenen Gefühle als auch die Emotionen des Gegenübers wahrzunehmen und sie – solange sie nicht destruktiv sind – zu respektieren. Weder kann man sich selbst noch anderen diese Gefühle aus- oder weg-reden („Sie müssen sich doch keine Vorwürfe machen." o. Ä.). In vielen Fällen müssen diese „einfach" ausgehalten werden – und dies kann erlernt werden.

Dazu wurden Konzepte der sogenannten Krisenintervention erarbeitet und ihre Wirksamkeit wissenschaftlich evaluiert. Stellvertretend wird hier das „BASIS"-Modell[8] (Brauchle und Wildbahner 2020) vorgestellt (Abb. 4):

---

[8] Das BASIS-Modell wurde vom Anästhesiologen und Notfallmediziner Brauchle gemeinsam mit Kolleginnen und Kollegen aufgrund der in unzähligen Notfalleinsätzen gesammelten Erfahrung entwickelt (Juen et al. 2004).

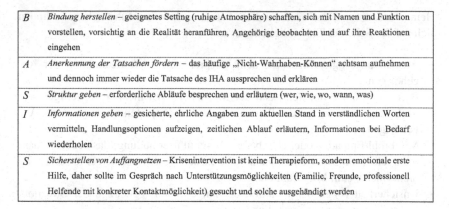

B	*Bindung herstellen* – geeignetes Setting (ruhige Atmosphäre) schaffen, sich mit Namen und Funktion vorstellen, vorsichtig an die Realität heranführen, Angehörige beobachten und auf ihre Reaktionen eingehen
A	*Anerkennung der Tatsachen fördern* – das häufige „Nicht-Wahrhaben-Können" achtsam aufnehmen und dennoch immer wieder die Tatsache des IHA aussprechen und erklären
S	*Struktur geben* – erforderliche Abläufe besprechen und erläutern (wer, wie, wo, wann, was)
I	*Informationen geben* – gesicherte, ehrliche Angaben zum aktuellen Stand in verständlichen Worten vermitteln, Handlungsoptionen aufzeigen, zeitlichen Ablauf erläutern, Informationen bei Bedarf wiederholen
S	*Sicherstellen von Auffangnetzen* – Krisenintervention ist keine Therapieform, sondern emotionale erste Hilfe, daher sollte im Gespräch nach Unterstützungsmöglichkeiten (Familie, Freunde, professionell Helfende mit konkreter Kontaktmöglichkeit) gesucht und solche ausgehändigt werden

Abb. 4 Das „BASIS"-Modell zur Krisenintervention (eigene Darstellung)

5 Umgang mit belastenden Emotionen/Gefühlen auf Seiten der Teammitglieder

5.1 Bausteine

Die Angehörigen sollen in ihrem „Entwicklungsprozess" (dem schrittweisen Einfinden in die so unfassbare Situation) geachtet und unterstützt werden. Dabei ist zu berücksichtigen, dass der Umgang mit schwerer Krankheit, Sterben, Tod und Trauer sehr individuell ist. Die o. g. Studienergebnisse zeigen, dass Angehörige die Frage nach der Organspende häufig als Zumutung erleben. Obwohl sie rational wissen, dass sie mit einer Zustimmung anderen Menschen u. U. das Leben retten könnten, sind sie häufig gerade zu Beginn des Prozesses derart von ihren heftigen Gefühlen überrollt, dass rationale Abwägungen (noch) nicht möglich sind. Hier gilt es auf Seiten des Teams zu begleiten, bei den Angehörigen zu bleiben, zuzuhören und Verständnis für ihre Situation und ihre Emotionen zu zeigen. Psychologinnen und Psychologen bezeichnen dies als emotionale Kompetenz: Angehörigen mit Freundlichkeit und Gelassenheit begegnen – im Idealfall möglichst unabhängig davon, welche Gefühle von den Mitarbeitenden in der aktuellen Situation gerade selbst durchlebt werden, bzw. was sie beruflich oder privat gerade beschäftigt.

Angehörigen soll Unterstützung in der Bewältigung ihrer belastenden Gefühle angeboten werden: das bedeutet, einen Rahmen zu schaffen, in dem die allgemein eher wenig akzeptierten Gefühle wie z. B. Wut ausgedrückt werden können, bzw. dafür eine Art Resonanzraum zu schaffen. Dazu kann es hilfreich sein, psychologi-

Abb. 5 Bedeutung der
Kohärenz (eigene Abb.)

sche oder seelsorgliche Fachkompetenz einzubeziehen. Seit Antonovskys Forschungen zur Salutogenese (Antonovsky 1997) kennt die Psychologie die Bedeutung der Kohärenz (Sense of Coherence) für die Bewältigung von krisenhaften Lebensereignissen. So ist es von entscheidender Bedeutung für den Verarbeitungs- und Entscheidungsprozess der Angehörigen, inwieweit sie in dieser existentiellen Krise die Möglichkeit haben, das Geschehen in irgendeiner Weise zu verstehen, selbst zu handhaben bzw. z. B. durch die Organspende einen Sinn darin zu erkennen (vgl. Abb. 5).

5.2 Einflussfaktoren

Die emotional herausfordernde Arbeit mit den Angehörigen wird für die Teammitglieder durch folgende drei Faktoren beeinflusst:

1. *Gefühlsansteckung* bedeutet, dass Teammitglieder die Stimmung der Angehörigen beobachten und ein Teil der Stimmung auf sie übertragen wird. Dies kann nicht willentlich beeinflusst werden, da es sich um einen angeborenen Prozess handelt, der schon bei Kleinkindern beobachtet werden kann.
2. *Empathie* ist dagegen ein erkenntnisvermittelter Prozess, der erst später in der Entwicklung entsteht. Er beinhaltet die Erfahrung, Gefühlslagen anderer nachvollziehen und dadurch verstehen zu können. Im Gegensatz zur Gefühlsansteckung kommt es dabei nicht zwingend zur Identifikation mit der anderen Person.
3. *Mitgefühl* enthält zusätzlich zur Empathie das Element der Sorge um die andere Person in ihrer Krisensituation.

Lange wurde Mitarbeitenden im Gesundheitswesen nahegelegt, zu Patientinnen und Patienten sowie deren Angehörigen eine professionelle Distanz zu wahren. In Bezug auf Nähe und Distanz geht es jedoch nicht um „entweder – oder", sondern es handelt sich dabei um die zwei Seiten einer Medaille, die je nach Situation reflektiert eingesetzt werden sollten. Wir plädieren an dieser Stelle für den Begriff der *„professionellen Nähe"*: er beinhaltet ein Mitaushalten und Mittragen ebenso wie die Bereitschaft zur Selbstreflexion sowie dem zeitweisen Einnehmen der Perspektive der Angehörigen. Dabei sind folgende Aspekte zu beachten:

- Empathie ist nicht dasselbe wie Mitleid, sondern eine Art „Mitleidenschaft", die sich für einen Moment mit dem anderen solidarisiert (Compassion).
- Um nicht auszubrennen oder „mitgefühlsermüdet" zu werden, ist es wichtig, sich die eigenen Gefühle bewusst zu machen, immer wieder für die eigene Psychohygiene zu sorgen (bspw. Ausgleich suchen in Sport, Kultur, Hobby, Beziehungen, Meditation o. ä., auf eigene Grenzen achten) und bei Überlastung aktiv Hilfe zu suchen (d. h. bei eigener Überlastung sollte ein solches Gespräch auch an einen Kollegen oder eine Kollegin abgegeben werden können).
- Ein Bewusstsein dafür entwickeln, nicht der einzige Fachmann oder die einzige Fachfrau zu sein, die in einer Situation alle Probleme lösen kann, von der alles abhängt, sondern dass (meist) auch noch andere Fachpersonen da sind, hinzugezogen werden und zur Lösung beitragen können.
- Einfordern und Nutzen von z. B. Intervision (ohne professionelle Anleitung mit Kollegen und Kolleginnen ähnlicher Profession und Feldkompetenz, aber aus anderen Kliniken), kollegialer Beratung, Balint-Gruppen (angeleitete Gesprächsgruppen für Ärztinnen und Ärzte) oder Supervision (mit professioneller Anleitung).

6 Fazit

Für die Gestaltung der Beziehung zu den Angehörigen der potenziellen Spenderin oder des potenziellen Spenders sind der professionelle Umgang (professionelle Nähe!) und die Reflektion der eigenen Emotionen essenziell. Dazu ist es unerlässlich, dass sich die Teammitglieder immer wieder klarmachen, dass sie in der Situation eigene Gefühle haben und ihre Emotionen von den Angehörigen mit hoher Sensibilität und feinen Antennen wahrgenommen werden.

Nicht zuletzt lösen die Angehörigen Gefühle bei allen Teammitgliedern aus – sie übertragen Emotionen, Einstellungen und Haltungen aus den Beziehungen zu anderen Menschen unbewusst auf Teammitglieder. Und diese wiederum übertragen in der Gegenübertragung eigene Gefühle auf die Gesprächspartnerin oder den Gesprächspartner.

Ein angemessen empathisches Aufgreifen der Emotionen der Angehörigen wird von diesen als unterstützend und wertschätzend erlebt. Es gibt jedoch keine „Patentrezepte", denn jede und jeder Angehörige ist individuell, auch wenn sich Situationen gleichen können. Die Herausforderung für die Teammitglieder liegt darin, das Leid der Angehörigen über die z. T. lang andauernden Entscheidungsprozesse und die dadurch notwendigen mehrfachen Gespräche mit-auszuhalten, ohne dabei den herrschenden Zeitdruck wegdiskutieren zu wollen.

Eine fundierte Ausbildung zum Entwickeln einer Gesprächshaltung in Krisensituationen und inter- bzw. supervisorische Begleitung im Berufsalltag legen die Basis für die herausfordernde Tätigkeit im Rahmen von Organtransplantationen.

Literatur

Adolphs R. (2002). Recognizing emotion from facial expressions: Psychological and neurological mechanisms. *Behavioral and Cognitive Neuroscience Reviews*, 1(1), 21–62.

Antonovsky, A. (1997). *Salutogenese – Zur Entmystifizierung der Gesundheit.* Tübingen: dgvt-Verlag.

Brandstätter, V.; Schüler, J.; Puca, R. M. & Lozo, L (2018). *Motivation und Emotion.* Berlin/ Heidelberg: Springer.

Brauchle, M. & Wildbahner, T. (2020). Zielgruppengerechte Krisenintervention – Angehörige und Team. *Medizinische Klinik – Intensivmedizin und Notfallmedizin* 115, 114–119.

de Groot, J., van Hoek, M., Hoedemaekers, C., Hoitsma, A., Smeets, W., Vernooij-Dassen, M. & van Leeuwen, E. (2015). Decision making on organ donation: the dilemmas of relatives of potential brain dead donors. *BioMed Central Medical Ethics 16*(1), 64. https://doi.org/10.1186/s12910-015-0057-1.

de Kerangal, M. (2015). *Die Lebenden reparieren* (9. Aufl.). Berlin: Suhrkamp.

Deutsche Stiftung Organtransplantation (2021). Jahresbericht Organspende und Transplantation in Deutschland 2021. Frankfurt/M. https://dso.de/SiteCollectionDocuments/DSO-Jahresbericht%202021.pdf. Zugegriffen: 2. August 2022 [zitiert als: DSO, 2021].

Ekman, P. (1992). Are there basic emotions? *Psychological Review*, 99(3), 550–553.

Goldman, A. I. & Scripada, C. S. (2005). Simulationist models of face-based emotion recognition. *Cognition 94*, 193–213. https://doi.org/10.1016/j.cognition.2004.01.005.

Gröning, K. (2018). *Entweihung und Scham. Grenzsituationen in der Pflege alter Menschen* (7. Aufl.). Frankfurt a.M.: Mabuse.

Hein, G. (2018). Neurowissenschaftliche Sozialpsychologie oder Soziale Neurowissenschaften. In Decker O. (Hrsg.), *Sozialpsychologie und Sozialtheorie* (S. 189–202). Wiesbaden: Springer VS.

Huber, M. (2020). Emotion und Gefühl – Eine systematische Kontextualisierung. In Huber, M., *Emotionen im Bildungsverlauf. Entstehung, Wirkung und Interpretation* (S. 61–86). Wiesbaden: Springer VS.

Juen, B., Brauchle, G., Hötzendorfer, C., Beck, T., Krampl, M., Andreatta, P., Werth, M., Kaiser, P., Ramminger, E., Michaela, F., Risch, M., Ploner, M. & Schönherr, C. (2004). *Handbuch der Krisenintervention* (2. Aufl.). Innsbruck: Studia.

Kentish-Barnes, N., Chevret, S., Cheisson, G., Joseph, L., Martin-Lefèvre, L., Si Larbi, A., Viquesnel, G., Marqué, S., Donati, S., Charpentier, J., Pichon, N., Zuber, B., Lesieur, O., Ouendo, M., Renault, A., Le Maguet, P., Kandelman, S., Thuong, M., Floccard, B., Mezher, Ch., Galon, M., Duranteau, J., Azoulay, E. (2018). Grief symptoms in relatives who experienced organ donation requests in the ICU. *American Journal of Respiratory and Critical Care Medicine 198*(6), 751–758. https://doi.org/10.1164/rccm.201709-1899OC.

Kerstis, B. & Widarsson, M. (2020). When life ceases – relatives' expiriences when a family member is confirmed brain dead and becomes a potential organ donor – a literature review. SAGE *Open Nursing*, 6, 1–15. https://doi.org/10.1177/2377960820922031.

Lamm, C., Decety, J. & Singer, T. (2011). Meta-analytic evidence for common and distinct neural networks associated with directly experienced pain and empathy for pain. *Neuroimage 54*, 2492–2502.

Lazarus, R. (1991) *Emotion and adaption*. New York Oxford Press.

Mehrabian, A. & Ferris, S. R. (1967). Inference of attitudes from nonverbal communication in two channels. *Journal of Consulting Psychology, 31*(3), 248–252. https://doi.org/10.1037/h0024648.

Schmidt-Atzert, L., Peper, M. & Stemmler, G. (2014). *Emotionspsychologie. Ein Lehrbuch* (2. Aufl.). Stuttgart: Kohlhammer.

Margit Schröer, *Dipl.-Psych.,* ist Ethikerin im Gesundheitswesen und Mitherausgeberin der Fachzeitschrift Leidfaden.

Prof. Dr. med. Susanne Hirsmüller, *M.A., M.Sc. Palliative Care,* ist Professorin im Studiengang Hebammenkunde an der Fliedner Fachhochschule Düsseldorf.

Teil III

Interdisziplinäre Perspektivierungen

Gelingende Kommunikation über Organspende?! Eine kommunikationswissenschaftliche Kommentierung

Elena Link

Zusammenfassung

Der vorliegende Beitrag stellt die Frage, wie Kommunikation über Organspende gelingen kann. Dabei betrachtet er aus einer kommunikationswissenschaftlichen Perspektive die kommunikativen Herausforderungen im Kontext der Organspende und leitet Ansatzpunkte und Anforderungen ab, die zur gelingenden Kommunikation über Organspende beitragen können. Der Schwerpunkt liegt dabei auf der Unterstützung der informierten Entscheidung über die eigene Bereitschaft zur Organspende von Bürgern und Bürgerinnen.

Schlüsselwörter

Informationssuche · Informationsverarbeitung · Informierte Entscheidung · Nachrichtenwert · Gesundheitskompetenz

E. Link (✉)
Institut für Journalistik und Kommunikationsforschung, Hochschule für Musik, Theater und Medien Hannover, Hannover, Deutschland
e-mail: Elena.Link@ijk.hmtm-hannover.de

© Der/die Autor(en), exklusiv lizenziert an Springer Fachmedien   117
Wiesbaden GmbH, ein Teil von Springer Nature 2023
M. E. Fuchs et al. (Hrsg.), *Organspende als Herausforderung gelingender Kommunikation*, Medizin, Kultur, Gesellschaft,
https://doi.org/10.1007/978-3-658-39233-8_7

1   Die kommunikativen Herausforderungen im Kontext der Organspende

Im Kontext der Organspende zeigen sich vielfältige kommunikative Herausforderungen. Sie ergeben sich einerseits mit Blick auf die Vielfalt der beteiligten Akteure und die Vereinbarkeit ihrer Interessen, Ziele und Werte. Andererseits können sie sich ganz konkret für einzelne Akteure und ihre Perspektiven ergeben. Aus kommunikationswissenschaftlicher Sicht können als Akteure unter anderem Bürger und Bürgerinnen in ihrer Rolle als potenzielle Empfänger, Spender oder Angehörige, Ärzte und Ärztinnen bzw. Transplantationsbeauftrage in ihrer Rolle als Kommunikatoren und Gesprächspartner der Angehörigen, aber ebenso auch Journalisten und Journalistinnen, Programmverantwortliche und professionelle Gesundheitskommunikatoren mit Kontroll- oder Aufklärungsfunktion unterschieden werden. Neben einer akteurszentrierten Sichtweise beziehen sich die kommunikativen Herausforderungen zudem auf unterschiedliche Informations- und Entscheidungskontexte – so kann die Kommunikation über die eigene Bereitschaft zur Spende, die generelle Aneignung von Wissen oder die eigene Meinungsbildung über die Organspende im Zentrum stehen oder aber die Kommunikation zwischen ärztlichem Fachpersonal und Patienten und Patientinnen oder Angehörigen. Im jeweiligen Kontext können für die einzelnen Akteure andere Herausforderungen entstehen, und gelingende Kommunikation kann je nach Zielsetzung eine andere Bedeutung erhalten.

Im Folgenden sollen die kommunikativen Herausforderungen exemplarisch beschrieben werden: Mit Blick auf Bürgerinnen und Bürger können Informationslücken zur Herausforderung werden, ebenso ist sowohl die geringe Kommunikations- und Diskussionsmotivation als auch die selektive Darstellung und Wahrnehmung bestimmter Aspekte der Organspende, die die Auseinandersetzung mit und Meinungsbildung zur Organspende beeinflusst, eine Problemstellung (siehe hierzu Link & Wehming in diesem Band). Gerade Angehörige befinden sich zudem in einer besonders belastenden Situation, in der Ängste und Trauer die Kommunikations- und Entscheidungssituation maßgeblich prägen. Es stellt sich somit auch die Frage, wie nicht nur informationelle Unterstützung für die Entscheidungsfindung, sondern auch emotionale Unterstützung in dieser Ausnahmesituation angeboten werden kann (siehe hierzu Schröer & Hirsmüller sowie Denkers in diesem Band). Umgekehrt stellt der Umgang mit Trauernden auch für Ärzte, Ärztinnen und Transplantationsbeauftragte eine kommunikative Herausforderung dar (siehe hierzu Logemann in diesem Band). Diese gilt es nicht nur im Sinne der Unterstützungsleistung für die Angehörigen, sondern auch mit Blick auf die eigenen Emotionen der Teammitglieder zu reflektieren. Zudem bedarf es einer

Auseinandersetzung und individuellen Abwägung potenzieller Ziel- oder Werte-konflikte zwischen einer ergebnisoffenen, informierten Entscheidung und dem wahrgenommenen Bedarf der Spende. Mit Blick auf Journalisten und Journalistin-nen stellt die Komplexität der Thematik ebenso wie seine Ambivalenzen und Unsi-cherheiten eine kommunikative Herausforderung dar. Zudem gilt es auf Ebene des Mediensystems zu reflektieren, inwiefern die Aufklärung und der Wissenstransfer zum Thema Organspende mit medialen Selektionsroutinen und dem Aufmerksam-keits- und Informationswettbewerb vereinbar sind oder zu Konflikten führen. Dar-über hinaus ist die strategische Gesundheitskommunikation mit der Herausforde-rung konfrontiert, wie die empfundene Reaktanz der Bürger und Bürgerinnen gegenüber einer potenziellen Beeinflussung von Gesundheitskampagnen reduziert werden kann oder schwer erreichbare Personengruppen für das Thema sensibili-siert werden können.

Es zeigen sich somit kommunikative Herausforderungen in der interpersonalen sowie der massenmedialen oder medial vermittelten Kommunikation, die sich in allen Forschungsfeldern der kommunikationswissenschaftlich geprägten Gesund-heitskommunikation verorten lassen (siehe hierzu Rossmann 2019). Der vorlie-gende Beitrag verfolgt allerdings nicht das Ziel, all diese Kommunikationsheraus-forderungen weiterführend abzubilden und mit Blick auf gelingende Kommunikation einzuordnen. Stattdessen sollen aufbauend auf diesem Überblick die Anforderungen an gelingende Kommunikation mit und von Bürgern und Bür-gerinnen über ihre Entscheidung für oder gegen die Organspende in den Fo-kus rücken.

2 Gelingende Kommunikation mit und von Bürgerinnen und Bürgern

Mit Blick auf die allgemeine Bevölkerung, die selbst keine direkten Erfahrungen mit dem Thema Organspende hat und sich potenziell mit der Entscheidung kon-frontiert sieht, ob der oder die Einzelne selbst Organspender oder -spenderin sein möchte, gilt es zunächst zu definieren, was gelingende Kommunikation auszeich-net. Im beschriebenen Fall bedeutet gelingende Kommunikation, dass durch mas-senmediale oder medial vermittelte Inhalte und den interpersonalen Austausch zu einer informierten Entscheidung über die Organspende beigetragen wird. Diese setzt zunächst voraus, dass das Thema Aufmerksamkeit erfährt und ein Entschei-dungsbedarf wahrgenommen wird. Darauf aufbauend handelt es sich bei einer in-formierten Entscheidung um eine reflektierte Entscheidung für oder gegen die Organspende, die sich durch hohe Entscheidungsqualität und letztlich auch beständige Entscheidungszufriedenheit auszeichnet. Sie bedarf sowohl einer ausreichenden Wissensbasis als auch eines Bewusstseins für die eigenen Werte und Präferenzen, die konform mit dieser Entscheidung sein sollen (Rummer und Scheibler 2016).

Um zu einer informierten Entscheidung beizutragen, gilt es zu verstehen, wie und unter welchen Bedingungen Menschen kommunizieren, sich informieren und entscheiden. Obwohl mit Bürgern und Bürgerinnen Einzelpersonen in den Fokus gerückt werden, soll dabei nicht unberücksichtigt bleiben, dass das Handeln des oder der Einzelnen immer auch durch die Strukturen geprägt wird, die das ökonomische, ökologische und politische ebenso wie das soziokulturelle und mediale Umfeld begründet. Dieses Umfeld kann dabei wichtige Kommunikationsanlässe liefern oder durch eine höhere Aufmerksamkeit für die Organspende zur gelingenden Kommunikation beitragen. Entsprechend können beispielsweise im Sinne des Settingansatzes (Hartung und Rosenbrock 2015) von formalen Organisationen wie Schulen direkte Handlungsimpulse ausgehen oder die familiäre Kommunikation und Meinungsbildung kann angeregt werden (siehe hierzu Koscielny & Fuchs in diesem Band). Aus kommunikationswissenschaftlicher Sicht spielt vor allem das mediale und soziokulturelle Umfeld eine besondere Rolle (siehe Abschn. 2.1). Darauf aufbauend stehen Bürger und Bürgerinnen im Zentrum, und die förderlichen und hinderlichen Faktoren gelingender Kommunikation für ein höheres Problembewusstsein und eine Zuwendung zu Informationen (siehe Abschn. 2.2) und ihrer gelingenden Verarbeitung (siehe Abschn. 2.3) werden thematisiert.

2.1 Anforderungen an die verfügbaren Informationen

Link und Wehming (in diesem Band) haben bereits einen Überblick geboten, wie über die Organspende berichtet und kommuniziert wird. Daraus kann geschlussfolgert werden, dass zunächst mehr belastbare Erkenntnisse über die Häufigkeit der Berichterstattung und Sichtbarkeit der Organspende, die öffentliche Darstellung und die veröffentlichte Meinung über die Organspende sowie die dadurch konstruierte Medienrealität benötigt werden. Es geht darum, die Qualität der Darstellung im Sinne der inhaltlichen Richtigkeit und Vermittlungsqualität von Informationen über die Organspende beurteilen zu können. Auf Basis der Kenntnis typischer Deutungsmuster können nicht nur bedeutende Rückschlüsse auf Wirkungen gezogen, sondern auch Annahmen über Lerneffekte und -potenziale abgeleitet werden (Scherer und Link 2019). Zudem gilt es, fehlende oder verzerrte Darstellungen zu identifizieren. Diese können beispielsweise durch die Arbeits- und Selektionsroutinen von Journalisten und Journalistinnen, etwa aufgrund ihrer Selektion basierend auf Nachrichtenwerten wie Überraschung oder Negativität, entstehen (Galtung und Ruge 1965; Staab 1990).

Darauf Bezug nehmend, dass erste Erkenntnisse darauf hindeuten, dass negative und außergewöhnliche Ereignisse in der Berichterstattung stärker vertreten sind, gilt es, Journalisten und Journalistinnen sowie Medienschaffende für die besonderen Anforderungen des Themas Organspende und der informierten Entscheidung zu sensibilisieren. Dabei ist vor allem ein Bewusstsein dafür zu schaffen, wie relevant die Thematik generell ist und wie folgenreich eine vor allem auf negative Ereignisse und empörende Einzelfälle fokussierte Darstellung sein kann (Meyer und Rossmann 2015). Ebenso kann beispielsweise in Form von Schulungen einer affektiven Aufladung der Tabuisierung des Themas oder der Entstehung von Ängsten und Verbreitung von Mythen entgegengewirkt werden. Eine objektive, ausgewogene und selbstverständlich auch kritische Berichterstattung der Medien ist somit eine bedeutende Zielgröße gelingender Kommunikation. Sie kann vor allem Wissenslücken entgegenwirken und die eigene Meinungs- und Einstellungsbildung der Bürger und Bürgerinnen anregen. Entsprechendes Wissen sollte sich dabei nicht nur auf die Voraussetzungen und den Ablauf einer Organspende beziehen, sondern es gilt auch, die verschiedenen Arten des Spendens und Festhaltens der eigenen Entscheidung bezüglich der Organspende zu kommunizieren.

2.2 Faktoren der Zuwendung und des Austauschs über die Organspende

Für gelingende Kommunikation ist jedoch nicht nur vonnöten, dass qualitätsgesicherte Informationen angeboten werden und die Medienrealität ein adäquates Bild der Organspende zeichnet, dem Thema ausreichend Aufmerksamkeit verschafft und das Framing ausgewogen erscheint, sondern es gilt auch mit Blick auf den Einzelnen oder die Einzelne zu hinterfragen, welche personenbezogenen oder situativen Faktoren förderlich oder hemmend für die gelingende Kommunikation über Organspende sind. Dabei muss sowohl die Zuwendung zu Informationen als auch die Verarbeitung und Aneignung der Informationen im Sinne der Entscheidungsfindung und entsprechenden Ausrichtung des eigenen Gesundheitsverhaltens mitgedacht werden.

Betrachten wir zunächst nur die Zuwendung, Selektion und Nutzung sowohl im Zuge der interpersonalen Kommunikation, der aktiven Suche nach Informationen als auch der Bereitschaft zur Auseinandersetzung mit diesen Informationen, sind personenbezogene, kognitive und affektive Einflussfaktoren von Bedeutung, damit es zu einer Auseinandersetzung kommt (Baumann und Hastall 2014; Kahlor 2010; Kuang und Wilson 2021; Zimmerman und Shaw 2020). Die eigene Suche und der interpersonale Austausch werden wahrscheinlicher, wenn dem Thema persönliche

Relevanz zugeschrieben wird, sich der oder die Einzelne über das eigene Informationsdefizit bewusst ist oder eine Diskrepanz zwischen dem gewünschten und bestehenden Ausmaß an (Un-)Sicherheit wahrnimmt. Dies setzt allerdings voraus, dass eine direkte Handlungsaufforderung wahrgenommen wird. Stattdessen nehmen viele Bürger und Bürgerinnen die Organspende nicht als Problem wahr, das sie in ihrem Alltag bewegt (Meyer 2017). Eng verbunden mit der Problemwahrnehmung sind auch affektive Reaktionen auf das Thema und die vorherrschenden Einstellungen. Dabei ist zu beachten, dass die Grundeinstellung zur Organspende im überwiegenden Teil der Bevölkerung sehr positiv ist, aber dennoch Ängste bestehen, die eine Auseinandersetzung auch hemmen oder erschweren können. Gelingende Kommunikation im Sinne der aktiven Auseinandersetzung mit der Organspende bedarf somit zunächst einer bewussten Adressierung der Problemwahrnehmung und Sensibilisierung.

Ebenso werden die Kommunikation und das Informationshandeln über die Organspende wahrscheinlicher, wenn unterschiedliche Wirksamkeitswahrnehmungen bei dem oder der Einzelnen vorhanden sind. Diese spiegeln sowohl Informationskompetenzen als auch Bewältigungsressourcen wider. Ebenso sind die individuellen Erwartungen an das Ergebnis von Gesprächen oder der Suche nach Informationen bedeutsam (Afifi et al. 2006). Bestehende Studien im Kontext der Organspende unterstreichen dabei vor allem die Bedeutung der Selbstwirksamkeit (Afifi et al. 2006). Diese soll in den Kontext der Debatte um die Gesundheitskompetenz eingeordnet werden (Schaeffer et al. 2018), da die Gesundheitskompetenz zumindest Überschneidungen mit dem Konzept der Selbstwirksamkeit aufweist. Gesundheitskompetenz wird als von zentraler Bedeutung für die Beteiligung mündiger Bürger und Bürgerinnen an gesundheitsbezogenen Entscheidungen verstanden und ist eine Voraussetzung für die Bereitschaft und Fähigkeit zur aktiven Auseinandersetzung mit Informationen über die eigene Gesundheit im Allgemeinen und die Organspende im Speziellen (Baumann 2018; Link und Baumann 2022). Sich gesundheitskompetent zu verhalten bedeutet dabei nicht nur, dass man die Fähigkeit besitzt, relevante Informationen zu finden, diese zu bewerten, einzuordnen, in informierte Entscheidungen einzubeziehen oder das eigene Verhalten daran auszurichten, sondern beschreibt auch die Motivation, dies zu tun (Schaeffer et al. 2018; Sørensen et al. 2012). Demnach bedarf gelingende Kommunikation über Organspende gesundheitskompetenter Bürgerinnen und Bürger, die gewillt sowie dazu in der Lage sind, sich eine Meinung zu bilden und eine Entscheidung zu treffen. Die Förderung der Gesundheitskompetenz ist dabei eine wichtige politische Zielsetzung, die eine Vielfalt von Maßnahmen erfordert (siehe Schaeffer et al. 2018).

Zudem beschreiben bestehende Studien auch die Bedeutung normativer Einflüsse. Diese wirken sich sowohl auf das Kommunikations- und Informationshandeln als auch die eigene Bereitschaft zur Organspende aus (Park und Smith 2007). Die Bedeutung normativer Einflüsse beruht darauf, dass wir unser Verhalten maßgeblich daran orientieren, was als typisch gilt und was wir glauben, was unser nahes soziales Umfeld oder die Gesellschaft von uns erwartet (Cialdini et al. 1990; Park und Smith 2007). Die Wahrnehmung sozialer Normen basiert dabei auf der Kommunikation mit und der Beobachtung von unseren Mitmenschen (Geber et al. 2019), sodass mit Blick auf die gelingende Kommunikation über die Organspende festgehalten werden kann, dass die offene Kommunikation über die Organspende im sozialen Umfeld sowie auf gesellschaftlicher Ebene von zentraler Bedeutung ist und in vielerlei Hinsicht zu deren Relevanz und Sichtbarkeit beiträgt. Kommunikationskampagnen und Setting-bezogene Ansätze beispielsweise in Schulen (siehe Koscielny & Fuchs in diesem Band) können diese Kommunikation bewusst adressieren und initiieren. Zudem können auch in Form von prosozialen Appellen oder Normappellen die Prävalenz eines Verhaltens und auch seine Bewertung beeinflusst werden. Gelingende Kommunikation basiert somit darauf, dass die Kommunikation über die Organspende zur gesellschaftlichen und sozialen Norm wird. Es ist eine wichtige Zielsetzung, dass Bürger und Bürgerinnen sich aktiv in der Familie und im Freundeskreis austauschen, wodurch auch der Tabuisierung des Themas entgegengewirkt wird und negative Erwartungen an die Ergebnisse entsprechender Gespräche abgebaut werden (Meyer 2019).

Das gewählte Informations- und Kommunikationshandeln ist zudem auch mit Voreinstellungen verbunden. Unter den potenziellen Voreinstellungen spielt das Vertrauen eine besondere Rolle – dabei geht es um das Vertrauen sowohl in das Organspendesystem sowie Ärzte und Ärztinnen als auch in Informationsquellen wie Journalisten und Journalistinnen oder Verantwortliche von Gesundheitskampagnen. Vertrauen scheint dabei im Kontext der Organspende besonders bedeutsam, weil es gerade in Situationen mit hoher Unsicherheit und emotionaler Belastung eine bedeutende Brückenfunktion besitzt, als Substitut für Wissen fungiert und die Handlungsfähigkeit des oder der Einzelnen sicherstellt. Es ist dabei nicht nur für die Zuwendung zu Informationen oder Personen bedeutsam, sondern nimmt auch Einfluss auf die Informationsverarbeitung (siehe Abschn. 2.3). Allerdings scheint das Vertrauen im Kontext der Organspende zumindest herausgefordert: Für das Vertrauen in das System sind öffentliche Skandale, wie im Falle mutmaßlicher Richtlinienverstöße einzelner Transplantationszentren im Jahr 2012, zu problematisieren (Ahlert und Sträter 2020; Köhler und Sträter 2020). Zudem befindet sich die Beziehung zwischen Arzt/Ärztin und Patient/Patientin im Wandel, was auch neue Anforderungen für den Erhalt oder Aufbau von Vertrauen nach sich zieht (Link 2019). Ebenso zeigen sich zunehmend ambivalentere Haltungen gegenüber den klassischen Massenmedien als zentrale Informationsvermittler (Schultz et al.

2017). Gelingende Kommunikation über die Organspende bedarf somit einer starken Vertrauensbasis, die sowohl für die Zuwendung zu Informationen als auch ihre kognitive Verarbeitung bedeutsam ist. Die Infomationsverarbeitung soll im nächsten Abschnitt genauer beschrieben werden.

2.3 Faktoren Informationsverarbeitung und Einstellungsbildung

Für die informierte Entscheidung über die Organspende als Zielsetzung ist auch auf die besonderen Bedingungen der kognitiven Informationsverarbeitung im Gesundheitskontext hinzuweisen (siehe hierzu Link und Klimmt 2019). Der Entscheidung geht dabei die Einstellungsbildung voraus. Grundlegend kann dabei zwischen stabilen und eher beeinflussbaren Einstellungen unterschieden werden. Bei stabilen Einstellungen handelt es sich um langfristig eingeprägte und robuste Denkmuster, die sowohl mit einer hohen (Handlungs-)Relevanz als auch einer häufigen Konfrontation oder eigenen Erfahrungen mit einer Thematik einhergehen. Fällt die Relevanz eher gering aus und fehlen eigene Erfahrungen, sind die Einstellungen weniger stabil und gelten als kurzfristig beeinflussbar. Auf Basis der bisherigen Erkenntnisse zum Thema Organspende ist davon auszugehen, dass die Mehrheit der Bürger und Bürgerinnen nicht über stabile Einstellungen verfügt. Dies ist vor allem mit Blick auf die Entscheidungsqualität und Entscheidungszufriedenheit problematisch.

Zudem beeinflussen das bereits dargestellte eher geringe Problembewusstsein und die eher geringe unmittelbare Relevanz die Verarbeitung angebotener Informationen über die Organspende. Werden die Bürger und Bürgerinnen mit Informationen über die Organspende konfrontiert, können mit Blick auf Modelle der Informationsverarbeitung wie dem Elaboration-Likelihood-Model (Petty und Cacioppo 1986; Klimmt und Rosset 2020) verschiedene Wege der Verarbeitung basierend auf der Elaborationsstärke unterschieden werden. Die Elaborationsstärke als kritische Größe beschreibt, in welchem Ausmaß eine gedankliche Auseinandersetzung mit bestimmten Inhalten erfolgt. Da die Ressourcen generell limitiert sind, erfolgt die kognitive Verarbeitung immer hochselektiv (siehe hierzu Lang 2000). Prinzipiell kann zwischen der peripheren und der zentralen Route unterschieden werden. Im Falle einer zentralen Verarbeitung liegt ein hoher Elaborationsaufwand vor, und eine kritische Prüfung von Informationen, ihrer Nützlichkeit und Handlungsrelevanz findet statt. Im Falle der peripheren Route liegt nur eine geringe Elaborationsstärke vor. Statt einer tiefergehenden inhaltlichen Auseinandersetzung haben Hinweisreize wie die Vertrauenswürdigkeit des Absenders einer Botschaft eine größere Bedeutung. Damit ist eine stabile Meinungsbildung bei einer zentralen Verarbeitung wahrscheinlicher als bei einer peripheren Verarbeitung (Link und Klimmt 2019).

Für den Fall der Organspende ist dabei bedeutsam, dass die investierte Elaborationsstärke neben der kognitiven Auslastung von der Relevanzzuschreibung, dem Vorwissen und vorherrschenden Emotionen abhängig ist. Neben der geringen Problemwahrnehmung kann auch die Auseinandersetzung mit der eigenen Sterblichkeit dazu führen, dass die verfügbaren Ressourcen in dieser Situation weiter herabgesetzt sind. So wird es wahrscheinlicher, dass nicht die volle Aufmerksamkeit und Konzentration einer Person auf eine Botschaft zur Organspende gerichtet wird. Während dies hemmende Faktoren der stabilen Einstellungsbildung und informierten Entscheidungen über die Organspende darstellt, kann laut Petty und Cacioppo (1986) die Wiederholung der Botschaft förderlich wirken. Zudem wird eine zentrale Verarbeitung unter anderem auch durch die persönliche Relevanz des Themas und die persönliche Verantwortung verstärkt. Erneut wird somit deutlich, wie zentral die eigene Problemwahrnehmung erscheint. Gelingende Kommunikation basiert somit auch mit Blick auf die Informationsverarbeitung auf einer angemessenen Problemwahrnehmung und Bewertung der persönlichen Relevanz des Themas. Zudem soll gelingende Kommunikation Menschen ihre Ängste vor der Organspende nehmen.

3 Zusammenfassung der hemmenden und förderlichen Faktoren auf dem Weg zur informierten Entscheidung

Wird die gelingende Kommunikation über die Organspende mit dem Ziel informierter Entscheidungen von Bürgern und Bürgerinnen betrachtet, zählen zu den hemmenden Faktoren die Komplexität des Themas, das fehlende Problembewusstsein und der geringe Wissensstand, die Emotionalisierung, vorherrschende Alltagsvorstellungen und Unsicherheiten sowie die Tabuisierung und Verbreitung von verzerrten oder falschen Informationen. Darauf aufbauend können Anforderungen an gelingende Kommunikation abgeleitet werden. Die Anforderungen berücksichtigen dabei sowohl die angebotenen Informationen als auch, wie und unter welchen Bedingungen Bürger und Bürgerinnen Informationen selektieren, kommunizieren und die erworbenen Inhalte verarbeiten. Betrachten wir zunächst das angebotene Wissen und seinen Deutungsrahmen, ist festzuhalten, dass gelingende Kommunikation auf einer objektiven, ausgewogenen, aber auch kritischen Berichterstattung beruht. Durch eine öffentliche Sichtbarkeit kann der Tabuisierung entgegengewirkt werden, es findet eine hohe Bedeutungszuschreibung statt, es werden

Anlässe für die Anschlusskommunikation mit Familie und Freunden geboten, und umfangreiches Wissen kann vermittelt werden. Dafür braucht es allerdings zunächst auch das entsprechende Wissen und viel Fingerspitzengefühl auf Seiten der Kommunikatoren, die die Komplexität des Themas für unterschiedliche Zielgruppen aufbereiten müssen. Eine entsprechende Sensibilisierung kann dabei auch für eine vertrauensfördernde Kommunikation bedeutsam sein.

Auf der Seite der Bürger und Bürgerinnen braucht gelingende Kommunikation sowohl ausreichend Motivation als auch Kompetenz, sich eine Meinung zu bilden und informierte Entscheidungen zu treffen. Da es sich hierbei um eine themenübergreifende Herausforderung handelt, sei in diesem Fall auf bestehende Initiativen zur Förderung der Gesundheitskompetenz verwiesen (Schaeffer et al. 2018). Dadurch kann zu einer angemessenen Problemwahrnehmung beigetragen und es können Ängste abgebaut und Selbstwirksamkeiten gestärkt werden. Zudem sind auch Einflüsse des Umfelds und sozialer Normen Teil gelingender Kommunikation. Generell gilt es sowohl zu unterstützen und zu fördern als auch zu befähigen, dass eine zielgerichtete Auseinandersetzung mit der Organspende stattfindet und offen im sozialen Umfeld über die Organspende gesprochen wird.

Dennoch soll abschließend darauf verwiesen werden, dass Kommunikation, Information und Aufklärung eine notwendige, aber keine hinreichende Gelingensbedingung darstellt, v. a. weil die Kluft zwischen Einstellung und Verhalten gerade in Extremsituationen und bei besonders emotional belastenden Themen nur schwer zu überwinden ist.

Literatur

Afifi, W.A., Morgan, S. E., Stephenson, M. T., Morse, C., Harrison, T., Reichert, T. & Long, S. D. (2006). Examining the Decision to Talk with Family About Organ Donation: Applying the Theory of Motivated Information Management. *Communication Monographs, 73*(2), 188–215. https://doi.org/10.1080/03637750600690700.

Ahlert, M. & Sträter, K. F. (2020). Einstellungen zur Organspende in Deutschland – Qualitative Analysen zur Ergänzung quantitativer Evidenz. *Zeitschrift für Evidenz, Fortbildung und Qualität Im Gesundheitswesen, 153–154*, 1–9. https://doi.org/10.1016/j.zefq.2020.05.008.

Baumann, E. (2018). Gesundheitskompetenz als Kommunikationsherausforderung. *G+G Wissenschaft 18*(2), 23–30.

Baumann, E. & Hastall, M. R. (2014). Nutzung von Gesundheitsinformationen. In K. Hurrelmann & E. Baumann (Hrsg.), *Handbuch Gesundheitskommunikation* (S. 451–466). Bern: Verlag Hans Huber.

Cialdini, R. B., Reno, R. R., & Kallgren, C. A. (1990). A focus theory of normative conduct: Recycling the concept of norms to reduce littering in public places. *Journal of Personality and Social Psychology, 58*(6), 1015–1026. https://doi.org/10.1037/0022-3514.58.6.1015.

Galtung, J. & Ruge, M. H. (1965). The structure of foreign news. The presentation of the Congo, Cuba and Cybrus crises in four Norwegian newspapers. *Journal of Peace Research, 2*(1), 64–91. https://doi.org/10.1177/002234336500200104.

Geber, S., Baumann, E. & Klimmt, C. (2019). Where Do Norms Come From? Peer Communication as a Factor in Normative Social Influences on Risk Behavior. *Communication Research, 46*(5), 708–730. https://doi.org/10.1177/0093650217718656.

Hartung, S. & Rosenbrock, R. (2015). *Settingansatz/Lebensweltansatz. BZgA.* https://leitbegriffe.bzga.de/alphabetisches-verzeichnis/settingansatz-lebensweltansatz/. Zugegriffen: 12. April 2022.

Kahlor, L. (2010). PRISM: A Planned Risk Information Seeking Model. *Health Communication, 25*(4), 345–356. https://doi.org/10.1080/10410231003775172.

Klimmt, C. & Rosset, M. (2020). *Das Elaboration-Likelihood-Modell* (2., aktualisierte Aufl.), Konzepte. Ansätze der Medien- und Kommunikationswissenschaft. Baden-Baden: Nomos.

Köhler, T. & Sträter, K. F. (2020). Einstellungen zur Organspende – Ergebnisse einer qualitativ-empirischen (Pilot-)Studie auf der Basis von Diskussionsthreads im Internet. In M. Raich & J. Müller-Seeger (Hrsg.), *Symposium Qualitative Forschung 2018: Verantwortungsvolle Entscheidungen auf Basis qualitativer Daten* (S. 121–149). Wiesbaden: Springer Fachmedien. https://doi.org/10.1007/978-3-658-28693-4_6.

Kuang, K. & Wilson, S. R. (2021). Theory of Motivated Information Management: A Meta-Analytic Review. *Communication Theory, 31*(3), 463–490. https://doi.org/10.1093/ct/qtz025.

Lang, A. (2000). The Limited Capacity Model of Mediated Message Processing. *Journal of Communication, 50*(1), 46–70. https://doi.org/10.1111/j.1460-2466.2000.tb02833.x.

Link, E. (2019). *Vertrauen und die Suche nach Gesundheitsinformationen: Eine empirische Untersuchung des Informationshandelns von Gesunden und Erkrankten.* Wiesbaden: Springer VS.

Link, E. & Baumann, E. (2022). Die Bedeutung der (digitalen) Gesundheitskompetenz für das Informationshandeln: Ein differenzierter Blick auf die gesundheitsbezogene Informationssuche und -vermeidung. In K. Rathmann, K. Dadaczynski, O. Okan & N. Messer (Hrsg.) *Gesundheitskompetenz. Springer Reference Pflege – Therapie – Gesundheit.* Berlin: Springer. https://doi.org/10.1007/978-3-662-62800-3_141-1.

Link, E. & Klimmt, C. (2019). Kognitive Verarbeitung von Gesundheitsinformationen. In C. Rossmann & M. Hastall (Hrsg.), *Handbuch der Gesundheitskommunikation – kommunikationswissenschaftliche Perspektiven* (S. 233–243). Berlin: Springer VS. https://doi.org/10.1007/978-3-658-10948-6_19-1.

Meyer, L. (2017). *Gesundheit und Skandal: Organspende und Organspendeskandal in medialer Berichterstattung und interpersonal-öffentlicher Kommunikation.* Baden-Baden: Nomos Verlagsgesellschaft.

Meyer, L. (2019). Kommunikation über Organspende. In C. Rossmann & M. R. Hastall (Hrsg), *Handbuch Gesundheitskommunikation: Kommunikationswissenschaftliche Perspektiven* (S. 603–615). Wiesbaden: Springer Fachmedien. In M. Schäfer, O. Quiring, C. Rossmann, M.R. Hastall & E. Baumann (Hrsg.), *Gesundheitskommunikation im gesellschaftlichen Wandel* (S. 49–62). Baden-Baden: Nomos Verlagsgesellschaft.

Meyer, L. & Rossmann, C. (2015). Organspende und der Organspendeskandal in den Medien: Frames in der Berichterstattung von Süddeutscher Zeitung und Bild. In: *Gesundheitskommunikation im gesellschaftlichen Wandel* (S. 49–62). Nomos Verlagsgesellschaft mbH & Co. KG.

Park, H. S. & Smith, S. W. (2007). Distinctiveness and Influence of Subjective Norms, Personal Descriptive and Injunctive Norms, and Societal Descriptive and Injunctive Norms on Behavioral Intent: A Case of Two Behaviors Critical to Organ Donation. *Human Communication Research, 33*(2), 194–218. https://doi.org/10.1111/j.1468-2958.2007.00296.x.

Petty, R.E. & Cacioppo, J.T. (1986). The elaboration likelihood model of persuasion. In L. Berkowitz (Hrsg.), *Advances in experimental social psychology* (Bd. 19, S. 123–205). New York: Academics.

Rossmann, C. (2019). Gesundheitskommunikation: Eine Einführung aus kommunikationswissenschaftlicher Perspektive. In C. Rossmann & M. R. Hastall (Hrsg), *Handbuch Gesundheitskommunikation: Kommunikationswissenschaftliche Perspektiven* (S. 603–615). Wiesbaden: Springer Fachmedien.

Rummer, A. & Scheibler, F. (2016). Patientenrechte. Informierte Entscheidung als patientenrelevanter Endpunkt. *Deutsches Ärzteblatt, 113*(8), 322–324.

Schaeffer, D., Hurrelmann, K., Bauer, U. & Kolpatzik, K. (2018). Nationaler Aktionsplan Gesundheitskompetenz. Die Gesundheitskompetenz in Deutschland stärken. https://www.nap-gesundheitskompetenz.de. Zugegriffen: 12. April 2022.

Scherer, H. & Link, E. (2019). Massenkommunikation über Gesundheit und Krankheit. In C. Rossmann & M. R. Hastall (Hrsg), *Handbuch Gesundheitskommunikation: Kommunikationswissenschaftliche Perspektiven* (S. 147–158). Wiesbaden: Springer Fachmedien.

Schultz, T., Jackob, N., Ziegele, M., Quiring, O. & Schemer, C. (2017). Erosion des Vertrauens zwischen Medien und Publikum? Ergebnisse einer repräsentativen Bevölkerungsumfrage. *Media Perspektiven, o.Jg.*(5), 246–272.

Sørensen, K., van den Broucke, S., Fullam, J., Doyle, G., Pelikan, J., Slonska, Z. & Brand, H. (2012). Health literacy and public health: A systematic review and integration of definitions and models. *BMC Public Health, 12:* 80. https://doi.org/10.1186/1471-2458-12-80.

Staab, J. F. (1990). *Nachrichtenwert-Theorie: Formale Struktur und empirischer Gehalt.* Freiburg: Verlag Karl Alber.

Zimmerman, M. S. & Shaw, G. (2020). Health information seeking behaviour: A concept analysis. *Health Information and Libraries Journal, 37*(3), 173–191. https://doi.org/10.1111/hir.12287.

Dr. phil. Elena Link ist wissenschaftliche Mitarbeiterin am Institut für Journalistik und Kommunikationsforschung der Hochschule für Musik, Theater und Medien Hannover.

Kommunikation über Organspende als schulischer Bildungsauftrag?! Grundlagen, Bestandsaufnahme und Perspektiven

Charlotte Koscielny und Monika E. Fuchs

Zusammenfassung

Der erstmalige Erhalt des Organspendeausweises fällt in die Schulzeit. Das wirft die Frage auf, inwiefern in Deutschland die Kommunikation über Organspende als schulischer Bildungsauftrag ausgewiesen wird. Der vorliegende Beitrag reflektiert zunächst die schul- und bildungstheoretischen sowie ethikdidaktischen Grundlagen dieser Frage. Daran anschließend erfolgen eine curriculare Bestandsaufnahme und Analyse der bundesdeutschen Bildungspläne hinsichtlich expliziter Anknüpfungspunkte zur Organspende-Thematik. Ein resümierender Blick gilt den sich dadurch eröffnenden Handlungsperspektiven.

Schlüsselwörter

Organspende als Bildungsgegenstand · Bildungsplananalyse · Kompetenzorientierung · Ethische Urteilskompetenz · Kommunikationskompetenz

C. Koscielny (✉) · M. E. Fuchs
Institut für Theologie, Leibniz Universität Hannover, Hannover, Deutschland
e-mail: charlotte.koscielny@theo.uni-hannover.de; monika.fuchs@theo.uni-hannover.de

# 1	Grundlagen

In der Frage, inwiefern Kommunikation über Organspende einen schulischen Bildungsauftrag darstellt, ist zunächst auf das Transplantationsgesetz zu verweisen:

> „Ziel des Gesetzes ist es, die Bereitschaft zur Organspende in Deutschland zu fördern. Hierzu soll jede Bürgerin und jeder Bürger regelmäßig im Leben in die Lage versetzt werden, sich mit der Frage seiner eigenen Spendebereitschaft ernsthaft zu befassen und aufgefordert werden, die jeweilige Erklärung auch zu dokumentieren. Um eine informierte und unabhängige Entscheidung jedes Einzelnen zu ermöglichen, sieht dieses Gesetz eine breite Aufklärung der Bevölkerung zu den Möglichkeiten der Organ- und Gewebespende vor." (TPG 1997, § 1 Abs. 1)

Die gesetzlich geforderte Aufklärung soll ergebnisoffen erfolgen und umfasst das Informieren über Möglichkeiten, Voraussetzungen und Bedeutung der Organ- und Gewebetransplantation sowie die weiteren Beratungsmöglichkeiten zur Organ- und Gewebespende. Außerdem soll der Organspendeausweis als Möglichkeit der Dokumentation einer eigenen Erklärung zur Organ- und Gewebespende zusammen mit weiteren Aufklärungsunterlagen sowohl bei der Ausgabe amtlicher Ausweisdokumente als auch bei Vollendung des 16. Lebensjahres durch die Krankenkassen ausgehändigt werden (TPG 1997, § 2 Abs. 1 und 1a). Das neue Gesetz zur Stärkung der Entscheidungsbereitschaft (GSEO 2020[1]) ergänzt das Informieren der Bürgerinnen und Bürger über ein Register, in welchem sie nach Vollendung des 14. Lebensjahres einen Widerspruch vermerken und nach Vollendung des 16. Lebensjahres eine Erklärung abgeben, ändern oder widerrufen können.

Angesichts der Tatsache, dass der erstmalige Versand des Organspendeausweises damit noch in die Schulzeit Heranwachsender fällt und diese Institution aufgrund der Schulpflicht (Edelstein 2013, S. 4) in der Regel von allen Heranwachsenden besucht wird, liegt es nahe, ihren möglichen Beitrag zur gesetzlich geforderten „breiten Aufklärung" auszuloten. Aus pädagogisch-psychologischer Perspektive gilt freilich auch,

> „einerseits kritisch zu hinterfragen, inwiefern sich ein/e 16-Jährige/r intensiv mit dem Thema der Organspende auseinandergesetzt hat und andererseits kritisch zu prüfen, weshalb ausgerechnet eine solch schwerwiegende Entscheidung ohne Einverständnis

---

[1] Dieses Gesetz ergänzt und verändert das Transplantationsgesetz; es ist am 1. März 2022 in Kraft getreten und forciert die Entscheidungsfindung: „Ziel ist es, die persönliche Entscheidung zu registrieren, verbindliche Informationen und bessere Aufklärung zu gewährleisten und die regelmäßige Auseinandersetzung mit der Thematik zu fördern." (Bundesministerium für Gesundheit 2022).

der Erziehungsberechtigten – im Regelfall der Eltern! – oder zumindest ihrer beratenden Konsultation zu treffen sein soll." (Buck und Knelles-Neier 2018, S. 110).

Vor diesem Hintergrund lässt sich die Frage nach dem Bildungsauftrag in drei-
erlei Hinsicht ausdifferenzieren. Zu klären sind *erstens* die schul- und bildungstheoretischen Grundlagen der Aufgaben und Funktionen von Schule (Abschn. 1.1),
auf Basis derer das Thema Organspende kompetenzorientiert (Abschn. 1.2) und
didaktisch fundiert (Abschn. 1.3) als Unterrichtsgegenstand legitimiert werden
kann. *Zweitens* gilt es zu prüfen, inwiefern die Kommunikation über Organspende
in Deutschland bislang überhaupt schulcurricular verankert ist (Abschn. 2). Davon
ausgehend ist *drittens* zu sondieren, welche schulischen Handlungsfelder sich im
Blick auf den (angestrebten) Kompetenzerwerb eröffnen und wie sich diese alters-
und sachgemäß ausdifferenzieren bzw. welche weiterführenden Handlungsperspektiven sich bezüglich einer Etablierung von Organspende als Bildungsgegenstand zeigen (Abschn. 3).

1.1 Zur generellen Aufgabe und Funktion von Schule

Organspende ist durch ihren rechtlichen und medizinethischen Kontext sowohl
gesellschaftlich-kulturell als auch in Fragen der individuellen Lebensgestaltung
von zentraler Bedeutung. Diese beiden Bereiche bilden sich zugleich in der Aufgabe von Schule ab, die laut Fend (2008a, S. 53) als eine doppelte beschrieben
wird: 1. „gesellschaftlich-[kulturelle] Reproduktions- bzw. Innovationsaufgabe"
und 2. „Herstellung von Handlungsfähigkeit, die sich in Qualifikationserwerb, Le-
bensplanung, sozialer Orientierung und Identitätsbildung entfaltet".

Die doppelte Aufgabe steht in einem engen Zusammenhang mit der Auswahl
von Inhalten schulischen Lernens. So wird im Diskurs über Bildungsinhalte selek-
tiert und organisiert, welche Wissensbereiche als gültig und wertvoll gelten und
deshalb in Form von Schulwissen „an die jeweils nachfolgende Generation weiter-
gegeben werden sollen und an deren ‚Abarbeitung' sie ihre eigene humane Gestalt
gewinnt" (Fend 2008b, S. 48). Damit dienen Bildungsinhalte den Lernenden zum
einen der Orientierung in der eigenen Kultur und zum anderen der individuellen
kulturellen Teilhabe (Fend 2008b). Inwiefern der Themenkomplex Organspende in
Deutschland als gültiger und wertvoller Wissensbereich gilt und die Zukunftsorientierung schulischer Bildung erfüllt, ist also zu prüfen (vgl. Abschn. 2).

Fend (2008a, S. 49–53) differenziert weiterführend bestimmte Funktionen von
Schule, die ebenfalls in beide Richtungen einen Beitrag zur Bildung leisten: Die
Enkulturationsfunktion dient der Reproduktion kultureller Sinnsysteme.

Schülerinnen und Schüler eignen sich dabei unter dem Vorzeichen von Rationalität und Wissenschaftlichkeit grundlegende Symbolsysteme, Wertorientierungen und kulturelle Fertigkeiten und Verständnisformen an. Das stärkt ihre persönliche Autonomie im Denken und Handeln einschließlich ihrer Reflexions-, Urteilsbildungs- und moralischen Entscheidungsfähigkeit. Die *Integrations- und Legitimationsfunktion* zeigt auf, dass das Bildungswesen Teil der Demokratisierung der Gesellschaft ist. Durch die Vermittlung bestimmter Normen, Werte, Weltsichten und Traditionen ermöglicht sie Heranwachsenden die Bildung einer kulturellen und sozialen Identität und fördert die reflektierte Teilnahme am politischen Leben. Somit sorgt Schule zum einen für die Stabilisierung politischer Verhältnisse, zum anderen festigt sie die Fähigkeit zur sozialen Verantwortungsübernahme.[2]

Insbesondere mit Verweis auf diese beiden Funktionen lässt sich die unterrichtliche Behandlung von Organspende also *schultheoretisch* begründen, insofern durch das Transplantationsgesetz die Organtransplantation gesetzlich abgesichert und die Aufklärung über Organspende verpflichtend ist. Zudem werfen Hirntod und Organspende immer auch Fragen der Sinnstiftung und Lebensdeutung sowie des ethischen Urteils oder der moralischen Entscheidung auf.

In *kompetenztheoretischer* Hinsicht eröffnet die im deutschen Bildungssystem aufgrund des PISA-Schocks Anfang der 2000er erfolgte Wende von der Input- zur Output-Orientierung weitere Anknüpfungspunkte für eine schulische Thematisierung von Organspende. So orientiert sich die Steuerung des Bildungssystems im Wesentlichen an den Lernergebnissen von Schülerinnen und Schülern. Aus dieser Perspektive heraus werden Bildungsstandards in Form von allgemein verbindlichen Kompetenzen, die Kinder und Jugendliche während ihrer Schullaufbahn erwerben sollen, in Abhängigkeit von Schulfächern und Jahrgangsstufen formuliert (Klieme et al. 2007). Nach Weinert (2001, S. 27–28) sind Kompetenzen

> „die bei Individuen verfügbaren oder durch sie erlernbaren kognitiven Fähigkeiten und Fertigkeiten, um bestimmte Probleme zu lösen, sowie die damit verbundenen motivationalen, volitionalen und sozialen Bereitschaften und Fähigkeiten, um die Problemlösungen in variablen Situationen erfolgreich und verantwortungsvoll nutzen zu können".

Kompetenzen umfassen folglich Wissen und Können und sind auf konkrete Anforderungssituationen (vgl. Abschn. 1.3) bezogen. Sie orientieren sich dabei an

---

[2] Des Weiteren genannt werden die *Allokationsfunktion*, die der Gliederung der gesellschaftlichen Sozialstruktur dient, indem schulische Leistungen die beruflichen Laufbahnen Lernender beeinflussen, sowie die *Qualifikationsfunktion*, die auf die Vermittlung beruflicher und wirtschaftlicher Kompetenzen zielt (Fend 2008a, S. 50–53).

Modus der Weltbegegnung		Zugeordnete Unterrichtsfächer	
(1)	*Kognitiv-instrumentelle Modellierung der Welt*	- Biologie - Naturwissenschaften	- Technik - Gesundheit
(2)	*Normativ-evaluative Auseinandersetzung mit Wirtschaft und Gesellschaft*	- Politik - Wirtschaft	- Sozialkunde - Rechtskunde
(3)	*Probleme konstitutiver Rationalität*	- Evangelische Religion - Katholische Religion - Islamische Religion - Orthodoxe Religion - Jüdische Religion	- Ethik - Philosophie - Werte und Normen - Lebensgestaltung – Ethik – Religionskunde

Abb. 1 Modi der Weltbegegnung und Fachzuordnung (eigene Darstellung)

allgemeinen, gesellschaftlich vorgegebenen Bildungszielen[3] und müssen zunächst fachspezifisch auf Basis fachbezogener Kompetenzmodelle ausformuliert und erworben werden. Damit bilden sie zugleich die Voraussetzung für den Erwerb fächerübergreifender Kompetenzen (Klieme et al. 2007). Das in *bildungstheoretischer* Hinsicht gleichwohl nötige kanonische Orientierungswissen (Klieme et al. 2007, S. 68) erschließt sich wiederum durch vier unterschiedliche Modi der Weltbegegnung (Baumert 2002), wovon drei auch die Organspendethematik betreffen (vgl. Abb. 1 und 4):[4] Weltbegegnung ereignet sich hier zum einen im Modus der kognitiv-instrumentellen Modellierung der Welt (biomedizinisches Fachwissen zur Organspende), zum zweiten im Modus der normativ-evaluativen Auseinandersetzung mit Wirtschaft und Gesellschaft (rechtliche Rahmenbedingungen der Organspende) und zum dritten im Modus der Probleme konstitutiver Rationalität (ethische Fragen bzw. Fragen der individuellen Sinnstiftung und Lebensgestaltung).

1.2 Perspektiven einer schulischen Behandlung der Organspende-Thematik

Insgesamt zeigt sich am Kompetenzbegriff, dass schulisches Lernen zukunftsorientiert ist, denn Schule muss Kinder und Jugendliche auf gesellschaftliche

---

[3] Fortfolgend werden die Begriffe *Kompetenzen*, *Bildungsstandards* und *Bildungsziele* einheitlich im *Kompetenzbegriff* gefasst, da alle drei eng miteinander zusammenhängen (Klieme et al. 2007, S. 19; Fend 2008b, S. 69) und eine differenzierte Unterscheidung im Rahmen dieses Beitrags nicht zielführend ist.

[4] Ausgenommen ist der vierte Modus *Ästhetisch-expressive Begegnung und Gestaltung*, der sich unterrichtlich insbesondere auf Musik, Bildende Künste und Sport bezieht. Er findet entsprechend auch bei der vorliegenden Analyse (Abschn. 2) keine weitere Berücksichtigung.

Anforderungen vorbereiten, mit denen Fragen der zukünftigen Lebensbewältigung verbunden sind. Damit hat schulische Bildung auch Einfluss darauf, welche Inhalte und Übungsmöglichkeiten *allen* Gesellschaftsmitgliedern zur Verfügung stehen (Fend 2008b, S. 55–56). Kompetenzen stellen dabei insofern eine notwendige Ergänzung von Bildungsinhalten dar, als der reine Wissenserwerb keine verantwortliche gesellschaftliche Teilhabe im Sinne einer Anwendung erworbener Wissensstrukturen auf andere Situationen sicherstellen könnte (Klieme et al. 2007, S. 78–79).

Empirische Befunde unterstreichen überdies, dass die unterrichtliche Auseinandersetzung mit Organspende nicht zuletzt einen wesentlichen Beitrag zur geforderten *„informierten Entscheidung"*[5] leisten kann. So dokumentiert die repräsentative Befragung[6] von Kahl und Weber (2018a, S. 50), dass es in der Bevölkerung weder ein eindeutiges Verständnis des Hirntodes noch eine durchgängig eigenständige Verknüpfung zwischen Hirntod und Organspende gibt. Sollen deutsche Bürgerinnen und Bürger jedoch eine *„informierte* Entscheidung" treffen können, brauchen sie „hochwertige, neutrale, nicht werbende Informationen" (Schaefer 2014, S. 13).[7]

Des Weiteren zeigt eine Befragung von Schülerinnen und Schülern des neunten und zehnten Jahrgangs an einem niedersächsischen Gymnasium (Wesemann 2022), dass die befragten Jugendlichen sich durchaus eine feste Etablierung des Themas in der Schule bzw. im Unterricht (z. B. im Religions-, Biologie-, Geschichts- und/oder Sozialkundeunterricht) wünschen, auch wenn bei ihnen Organspende bis zum Befragungszeitpunkt noch nicht behandelt wurde: „Es wird von fast allen Befragten […] darauf verwiesen, dass sie sich mehr darüber informieren und mit der Thematik beschäftigen möchten, um mehr Wissen zu erhalten, damit

---

[5] Schaefer (2014) benennt folgende Kriterien für die Verlässlichkeit medizinischer Informationen über Organspende: sie sind neutral und nicht interessengebunden, vermitteln ein realistisches Bild, stellen alle Handlungsoptionen mit Nutzen- und Schadenswahrscheinlichkeiten dar, benennen Unsicherheiten, zeigen unterschiedliche Entscheidungsoptionen auf, sind ausgewogen. Daraus leitet sie fünf Forderungen an eine neutrale Information über Organspende ab: 1. Respekt vor den Einstellungen und Weltanschauungen der Rezipientinnen und Rezipienten, 2. keine moralische Bewertung der Entscheidung, 3. Entscheidungsfragen aus möglichst allen Blickwinkeln beleuchten und alle verfügbaren Informationen vermitteln, 4. Grenzen des Wissens und der Gewissheit eingestehen, 5. Begriffe achtsam verwenden.

[6] Die repräsentative Umfrage mit knapp 1000 deutschen Befragten wurde im November 2013 durchgeführt (Kahl und Weber 2018a, S. 44).

[7] Das öffentlich zugängliche Informationsmaterial der Bundeszentrale für gesundheitliche Aufklärung bspw. reicht hierfür laut Kahl und Weber (2018b, S. 69) jedoch nicht aus, weil es nicht ergebnisoffen ist und insbesondere die gesetzliche Regelung der Hirntoddiagnostik als ausreichendes Zustimmungskriterium zur Organentnahme dargestellt wird.

eine Entscheidungsfindung überhaupt möglich sei" (Wesemann 2022, S. 66).[8] Auffällig ist außerdem, „dass insbesondere in Bezug auf die rechtlichen Kriterien und Voraussetzungen offensichtlich […] eine große generelle Uninformiertheit besteht, die darüber hinaus sogar teilweise mit Fehlinformationen einher geht" (Wesemann 2022, S. 71). Empirisch gestützt deuten diese Aspekte also auf den Bedarf hin, in der Schule eine solide *Wissensgrundlage* zu schaffen.

Schließlich können anhand der Organspendethematik auch weitere Fähigkeiten erlernt werden, die über den reinen Wissenserwerb hinausgehen. Vielmehr sind diese Fähigkeiten, insbesondere im Sinne der motivationalen, volitionalen und sozialen Bereitschaft zur Auseinandersetzung mit komplexen Fragen, aber auch im Sinne der Problemlösefähigkeit, ebenso notwendig, um eine „informierte *Entscheidung*" über Organspende treffen zu können. Schwendemann und Stahlmann (2006, S. 7) betonen deshalb, dass gerade die Schule im Blick auf den Kompetenzerwerb für eine gelingende Auseinandersetzung mit bioethischen Problemen wie Organspende eine didaktische Schlüsselrolle einnehmen kann:

> „Biomedizinische Entscheidungen sind in der Regel Dilemma-Entscheidungen und deswegen nur hochkomplex begründbar. Einfache Lösungen und Antworten gibt es nicht. Wir sind jedoch der Meinung, dass Ethik-, Religions-, Gemeinschaftskunde- und Philosophieunterricht zusammen mit dem Biologieunterricht die schulischen Foren darstellen, auf denen, ohne in der Entscheidungssituation der Ärzte/Ärztinnen stehen zu müssen, die ethischen Probleme der modernen Biologie und Medizin diskutiert werden können und müssen! […] [Die] Schule hat hier die gesellschaftliche Bildungsaufgabe, neben der Wissensvermittlung auch ethische und kommunikative Kompetenz bereitzustellen."

1.3　Kommunikation über Organspende als bioethik-didaktische Aufgabe

Den Erwerb jener ethischen und kommunikativen Kompetenz reflektiert die Bioethik-Didaktik. Sie zielt auf die ethische Urteilsbildung von Schülerinnen und Schülern im Sinne der Trias „Bewerten – Urteilen – Entscheiden" (Fuchs

---

[8] Die im Rahmen einer Masterarbeit durchgeführte Untersuchung erfolgt in religionspädagogischer Perspektive. Neben dem Aneignen von Faktenwissen werden folgende Vorschläge in Bezug auf eine Thematisierung von Organspende im Fach Religion gemacht: Beschäftigung mit den Positionen der verschiedenen Religionen zur Organspende, Auseinandersetzung mit konkreten Beispielen (z. B. durch das Einladen externer Personen, die Erfahrungen mit Organspende gemacht haben) (Wesemann 2022, S. 68).

2010, S. 196). Damit einher gehen Kommunikations- und Dialogkompetenz, wobei Argumentieren und Urteilen-lernen die „bestimmende Grundrichtung ethischen Lernens" bilden (Schoberth 2021, S. 29; Fuchs 2021a, Abs. 3.2). Bioethik am Lernort Schule ist dabei zwischen Fachspezifik und Fächerverbund verortet, sucht die Rolle von Wissen, Normen und Werten im Urteilsbildungsprozess zu strukturieren und setzt sich mit Fragen der Subjektivität inkl. ihrer anthropologischen Komponenten auseinander (Manz und Schmid 2009; Fuchs 2021a, Abs. 3.1).

Den unterrichtlichen Weg der Entscheidungsfindung bearbeiten die unterschiedlichen Fachdidaktiken mit einem weitgehend übereinstimmenden didaktischen Modell (Fuchs 2010, S. 196–201), das in fünf Schritten verläuft: 1. Sachanalyse (Situation, Problem, Kontext), 2. Handlungsmaßstäbe (Normen, Werte), 3. Abwägung (Güter, Lösungs-/Verhaltensalternativen), 4. Urteilsfindung sowie 5. Reflexion und Rücküberprüfung des Urteils (Fuchs 2021a, Abs. 3.2). Grundlegend ist zudem die Arbeit mit Fallgeschichten bzw. Fallstudien (Fuchs 2010, S. 204–226 & 2021b; Manz und Schmid 2009), wobei wesentlich ist, ob es sich um reale oder konstruierte Fallbeispiele handelt, insofern Realfälle am Ende einer Lerneinheit aufgelöst werden können (Fuchs 2010, S. 218–220 & 2021b). Die in der Regel vorliegende Hypothetizität der unterrichtlichen Urteilsbildung bei ausbleibender tatsächlicher Handlung lässt sich so zumindest in Teilen einholen (Fuchs 2010).

Nicht zuletzt vor diesem Hintergrund wohnt nun dem Thema Organspende im Unterricht das spezifische didaktische Potential einer sog. „Anforderungssituation" inne. Diese zeichnet sich durch alltagsweltliche Anknüpfungspunkte und Wirklichkeitsnähe aus. Hiermit wird Schülerinnen und Schülern die Möglichkeit geschaffen, das Gelernte durch authentische Lernszenarien in ihrer alltäglichen Lebenswelt zu verorten (Wiesner und Schreiner 2020, S. 328–329). Wenn also 16-jährige Jugendliche von ihrer Krankenkasse einen Organspendeausweis erhalten und aufgefordert sind, diesen auszufüllen, so kann die unterrichtliche Urteilsbildung zu einer *tatsächlichen* Handlung führen. Damit ist „[der] Aufruf zur Entscheidung für oder gegen eine Organspende […] eine hochgradig lebensweltlich verankerte Anforderungssituation" (Neier 2020, S. 28; Neier und Schwich 2018, S. 44), anhand derer die „*informierte Entscheidung*" authentisch geübt werden kann.

Zu den Kriterien, die an Auswahl und Einsatz von Anforderungssituationen im Unterricht angelegt werden, zählen neben Wirklichkeitsnähe, Lebensrelevanz und Anwendungsbezug u. a. Disziplin- oder Fächerübergriff und die Option einer Fokussierung des Aneignungsprozesses bei sukzessivem Kompetenzaufbau (Lenhard

2017, Abs. 3). Insbesondere für ethische Themen kann dabei grundsätzlich in Anschlag gebracht werden, was Obst (2015, S. 186) religionsdidaktisch bereits wie folgt ausdifferenziert hat:

> „Kompetenzen zielen auf den Umgang mit alltäglichen oder herausgehobenen Situationen, in denen der Einzelne sich zu konkreten Herausforderungen reflektierend und urteilend verhalten oder in denen er selbst handeln muss, und benennen daher Aspekte einer spezifischen Reflexions- und Handlungsfähigkeit. In solchen Situationen können sich z. B. Fragen stellen, die geklärt oder beantwortet werden sollen, Konflikte zeigen, die zu untersuchen sind, Dilemmata, die ein Urteil provozieren, Fälle, die entwirrt werden sollen, Aufgaben, die zu bearbeiten sind, oder auch Probleme, die gelöst werden müssen."

2 Curriculare Bestandsaufnahme

Nachdem in Kap. 1 die Relevanz einer Kommunikation über Organspende im Schulkontext verdeutlicht wurde, ist im Weiteren zu untersuchen, ob und in welcher Weise Bildungspläne in Deutschland diese Kommunikation im Unterricht überhaupt verorten.

2.1 Einführende Erläuterungen

Aufgrund des Föderalismus obliegt die schulische Bildung der Kulturhoheit der einzelnen Bundesländer. Dies führt nicht nur zu einer unübersichtlichen Vielzahl an Schulformen, -fächern, -abschlüssen und Bildungswegen innerhalb der Bundesrepublik Deutschland,[9] sondern auch zu nicht einheitlichen Unterrichtsthemen, die jedes Bundesland individuell vorgibt. Das wirft im Kontext dieses Aufsatzes – insbesondere vor dem Hintergrund der in Abschn. 1.2 dargelegten Befragungsergebnisse – die

---

[9] Edelstein (2013) gibt eine Übersicht über die gemeinsame Grundstruktur des deutschen Bildungssystems. Insbesondere die dort verlinkte interaktive Grafik (Edelstein 2013, S. 3; https://www.bpb.de/fsd/bildungsgrafik2/?1. Zugegriffen: 1. Februar 2022) ermöglicht einen schnellen Überblick über die Vielfalt an Schulformen in Deutschland, zu finden ist dort aber auch ein Hinweis darauf, dass z. T. bundeslandspezifische Besonderheiten gelten. Einen differenzierten Überblick über die bundeslandspezifischen Schulsysteme geben Edelstein und Grellmann (2017). Eine Übersicht der „Grundstruktur des Bildungswesens in der Bundesrepublik Deutschland" gibt auch die Kultusministerkonferenz (2019).

Frage auf, inwieweit das Thema Organspende in den Bildungsplänen[10] bislang überhaupt repräsentiert und dadurch eine altersangemessene Aufklärung am Lernort Schule explizit curricular verankert ist. Um dieser Frage nachzugehen, wurden die bundesdeutschen Bildungspläne derjenigen Unterrichtsfächer analysiert, die an weiterführenden Schulen[11] angeboten werden und eine Weltbegegnung in den Modi kognitiv-instrumenteller Weltmodellierung, normativ-evaluativer Auseinandersetzung mit Wirtschaft und Gesellschaft sowie der Probleme konstitutiver Rationalität ermöglichen. Die Analyse erfolgt entlang der Auswertungsebenen *Bundesländer und Unterrichtsfächer* (Abschn. 2.2.1), *Schulformen und Jahrgangsstufen* (Abschn. 2.2.2) sowie *Welterschließung und Kompetenzerwerb* (Abschn. 2.2.4). Eine Zusammenführung der beiden ersten Auswertungsebenen erfolgt in Abschn. 2.2.3 (Abb. 3).

2.2   Vergleichende Bildungsplananalyse[12]

2.2.1   Vergleichsebene 1: Bundesländer und Unterrichtsfächer

Die im Zuge der Bildungsplananalyse ausgewerteten Unterrichtsfächer lassen sich wie in Abb. 1 dargestellt den Modi der Weltbegegnung zuordnen (Klieme et al. 2007,

---

[10] Unter den Begriff *Bildungsplan* subsumieren wir die bundesweite Vielzahl an Bezeichnungen (Bildungsplan, Lehrplan, Fachlehrplan, Kernlehrplan, Rahmenlehrplan, Rahmenplan, Rahmenrichtlinien, Kerncurriculum, Unterrichtsvorgaben, Fachanforderungen). Dem Vergleich von Bundesländern und Schulformen liegen alle Bildungspläne der jeweiligen Unterrichtsfächer und Schulstufen/-formen zugrunde, dem Vergleich von Schulfächern, Jahrgangsstufen und Kompetenzerwerb liegen insgesamt 111 einzelne Bildungspläne zugrunde. Um die Übersicht zu wahren, ist im Literaturverzeichnis je Bundesland die Website ausgewiesen, die zu den einzelnen Bildungsplänen führt.

[11] Da es kognitionspsychologisch betrachtet sinnvoll ist, ein solch komplexes Thema wie das der Organspende erst im Jugendalter zu bearbeiten – wenn die Lernenden in der Lage sind, Hypothesen systematisch zu prüfen, eigene Schlussfolgerungen zu ziehen und „über Probleme von Wahrheit, Moral und Gerechtigkeit [zu reflektieren]" (Sodian 2012, S. 390) bzw. in moralischen Fragen abstrakt zu denken (Nunner-Winkler 2012, S. 537) – finden Grundschulen in dieser Analyse keine Berücksichtigung. Gleiches gilt für Förderschulen, zumal die dafür notwendige sonderpädagogische Differenzierung des Kompetenzerwerbs den Umfang dieses Beitrags sprengen würde.

[12] Ein ganz herzlicher Dank gilt an dieser Stelle den studentischen Hilfskräften am Institut für Theologie der Leibniz Universität Hannover Jonathan Capellán Matos, Svenja Günther, Hanna Meier und Lea Simon, die für die entsprechenden Bildungspläne aller 16 Bundesländer im Zeitraum Oktober bis Dezember 2021 eine Stichwortanalyse anhand der Begriffe *Organspende, Gewebe- und Organspende, Organspendeausweis, Organtransplantation, Organspendeproblematik, Organentnahme, Transplantation, Organhandel, Spenderorgan, Organmangel, Transplantationsgesetz, Hirntod, Hirntodproblematik* durchgeführt und die Ergebnisse protokolliert haben.

S. 68) und entsprechend für die Klärung der Frage nutzen, welche Bundesländer das Thema Organspende in welchen Fächern und in welcher Weise aufgreifen.

Bayern, Baden-Württemberg, Brandenburg, Hessen, Mecklenburg-Vorpommern, Niedersachsen, Rheinland-Pfalz, Saarland, Sachsen, Sachsen-Anhalt, Schleswig-Holstein und Thüringen sehen Organspende als Thema im *Modus 3*[13] vor; in acht dieser zwölf Bundesländer wird es jeweils im Fach Evangelische und/oder Katholische Religion behandelt, in drei Bundesländern zusätzlich in Islamischer Religion (in einem der drei sogar zusätzlich in Orthodoxer Religion) und in neun Bundesländern im Alternativfach Ethik.[14] Im Alternativfach Philosophie ist es generell kein Thema. Bis auf Brandenburg sehen die genannten Bundesländer Organspende ebenfalls als Thema im *Modus 1* vor. In Thüringen findet es im Fach Naturwissenschaften und Technik, in den restlichen elf Bundesländern im Fach Biologie und in Rheinland-Pfalz zusätzlich im Fach Gesundheit (Berufliches Gymnasium) seinen Platz. In Mecklenburg-Vorpommern wird es im Fach Biologie nur in den auslaufenden Bildungsplänen erwähnt und kommt in den neuen Bildungsplänen, die es seit dem 1. August 2021 gibt, nicht mehr vor. Mit Wirtschaft/Politik in Schleswig-Holstein (Berufsschule) und Sozial- und Rechtskunde in Thüringen (Fachoberschule) taucht Organspende als Thema lediglich in diesen beiden Bundesländern auch im *Modus 2* auf.

Während sich Organspende in Brandenburg und Nordrhein-Westfalen immerhin in einem den *Modi 1 bzw. 3* zugeordneten Unterrichtsfach findet, bilden die Stadtstaaten Berlin, Bremen und Hamburg das Schlusslicht, da dort in keinem Schulfach die Organspende explizit curricular verankert ist.

2.2.2   Vergleichsebene 2: Schulformen und Jahrgangsstufen

Zur Untersuchung der Frage, in welchen Schulformen Organspende thematisiert wird, werden diese wie in Abb. 2 rubriziert.

In zehn deutschen Bundesländern (Bayern, Baden-Württemberg, Mecklenburg-Vorpommern, Nordrhein-Westfalen, Rheinland-Pfalz, Saarland, Sachsen, Sachsen-Anhalt, Schleswig-Holstein und Thüringen) können alle Schülerinnen und Schüler

---

[13] Es gilt bei diesen Fächern zu bedenken, dass in Deutschland aufgrund der positiven und negativen Religionsfreiheit (GG 1949, Art. 4 Abs. 1, 2) die Möglichkeit einer Abmeldung vom Religionsunterricht besteht, sodass stattdessen das Alternativfach Ethik belegt werden kann (GG 1949, Art. 7 Abs. 3). Vor diesem Hintergrund erhalten nur bayerische Schülerinnen und Schüler unabhängig von ihrer Wahl die Möglichkeit, sich im Hinblick auf Religion und Weltanschauung mit Organspende zu befassen, in allen anderen Bundesländern begegnen sie diesem Thema in ihrem Wahlfach des *Modus 3* u. U. nicht.

[14] Der Übersichtlichkeit halber findet der Terminus Ethik auch für die Fächer Lebensgestaltung – Ethik – Religionskunde (Brandenburg), Werte und Normen (Niedersachsen) und Allgemeine Ethik (Saarland) Verwendung.

A	allgemein- und berufsbildende Schulen der Sekundarstufe (Sek) I mit dem Ziel eines *Hauptschulabschlusses/einer einfachen oder erweiterten Berufsbildungsreife* und allgemeinbildende Schulen mit dem Ziel eines *mittleren Schulabschlusses (inkl. gymnasiale Sek I)*
B	berufsbildende Schulen mit dem Ziel eines *mittleren Schulabschlusses* oder einer *Berufsausbildung*
C	allgemein- und berufsbildende Schulen der Sekundarstufe II mit dem Ziel eines *höheren/staatlichen Berufsabschlusses* oder einer *allgemeinen bzw. fachgebundenen Hochschulreife (inkl. gymnasiale Sek II)*

Abb. 2 Rubrizierung der Schulformen (eigene Darstellung)

unabhängig vom angestrebten Schulabschluss im Laufe der Sek I an einer weiterführenden Schule *(Rubrik A)* etwas über Organspende lernen.[15] In Brandenburg, Hessen und Niedersachsen fehlt dieses Angebot in den Bildungsplänen einzelner Schulformen oder Fächer der *Rubrik A*.

Wer eine Berufsausbildung oder den mittleren Schulabschluss an der Sek II einer berufsbildenden Schule anstrebt *(Rubrik B)*, erhält in neun Bundesländern erneut das Angebot, sich mit Organspende im Rahmen des schulischen Unterrichts zu beschäftigen (Bayern, Baden-Württemberg, Hessen, Niedersachsen, Saarland, Sachsen, Sachsen-Anhalt, Schleswig-Holstein und Thüringen). Elf Bundesländer bieten Organspende als Unterrichtsthema der Sek II außerdem an einigen berufsbildenden Schulen an, die auf einen höheren oder staatlichen Berufsabschluss oder eine fachgebundene Hochschulreife abzielen, oder an Schulen mit einer gymnasialen Oberstufe *(Rubrik C;* Bayern, Baden-Württemberg, Hessen, Mecklenburg-Vorpommern, Niedersachsen, Rheinland-Pfalz, Saarland, Sachsen, Sachsen-Anhalt, Schleswig-Holstein, Thüringen). Von den sieben Bundesländern, in denen Organspende kein Thema an berufsbildenden Schulen der *Rubrik B* ist, wird diese Leerstelle lediglich in Mecklenburg-Vorpommern und Rheinland-Pfalz durch wenige Schulen der *Rubrik C* ergänzt; hierbei handelt es sich jedoch in Mecklenburg-Vorpommern nur um das Gymnasium und in Rheinland-Pfalz zusätzlich um das Berufliche Gymnasium.

Die konkreten Schulformen, an denen das Thema Organspende am besten repräsentiert ist, sind dabei das Gymnasium *(Rubrik A:* in zwölf Bundesländern taucht es in der gymnasialen Sek I auf; *Rubrik C:* in elf Bundesländern taucht es in der gymnasialen Sek II auf) und die Berufsschule *(Rubrik B:* in neun Bundesländern taucht es im Rahmen der dualen Berufsausbildung auf). In 13 Bundesländern behandeln übergreifende Schulformen wie Mittel-, Gemeinschafts-, Ober-, Regionale, Sekundar-, Regel- und Gesamtschule das Thema Organspende in der Sek I,

---

[15] In Mecklenburg-Vorpommern, Nordrhein-Westfalen und Saarland fehlt das Thema lediglich an Schulen zur Berufsvorbereitung, an denen der Hauptschulabschluss bei einem Schulabgang ohne Abschluss nachgeholt werden kann.

allerdings ist nicht in jedem Bundesland jede dieser Schulformen vertreten bzw. bietet nicht jede in einem Bundesland vertretene Schulform Organspende als Thema an.[16] Diesbezüglich wird in *Rubrik A* Organspende in neun Bundesländern an Hauptschulen, in lediglich sechs auch an Realschulen thematisiert.[17] An Berufsbildenden Schulen aus *Rubrik C* ist das Thema Organspende in elf Bundesländern zu finden.[18]

In den elf Bundesländern, die im Rahmen der Sek II (*Rubrik C*) Organspende thematisieren, greifen lediglich Orthodoxe und Jüdische Religion als Unterrichtsfächer die Organspendethematik gar nicht curricular auf; Evangelische und Katholische Religion sowie Ethik hingegen bilden in *Rubrik C* mit jeweils sieben bis acht Bundesländern, die Organspende in diesen Fächern behandeln, die Spitze vor den Fächern aus den *Modi 1* und *2*. Vereinzelt thematisieren Bundesländer die Organspende schon in Jahrgangsstufe 7/8 (Bayern in Biologie; Brandenburg in Ethik; Mecklenburg-Vorpommern in Evangelischer Religion und in den auslaufenden Bildungsplänen auch in Biologie; Saarland in Ethik und Biologie/Naturwissenschaften; Sachsen in Ethik und Biologie). Am häufigsten ist Organspende jedoch in Jahrgangsstufe 9/10 verankert. Elf Bundesländer führen diese beiden Jahrgänge im Fach Biologie[19] an das Thema Organspende heran (Bayern, Baden-Württemberg, Hessen, Mecklenburg-Vorpommern in den auslaufenden Bildungsplänen, Niedersachsen, Nordrhein-Westfalen, Rheinland-Pfalz, Saarland, Sachsen-Anhalt, Schleswig-Holstein, Thüringen). Auch in den Fächern des *Modus 3* ist Organspende in dieser Jahrgangsstufe in jeweils ein bis sieben dieser Bundesländer (zzgl. Sachsen) vertreten. Zu bedenken ist bei der Betrachtung der einzelnen Schulfächer, dass nicht jedes Fach in jedem Bundesland gleichermaßen an allen Schulformen angeboten wird bzw. Organspende nicht zwingend in jedem dieser von einer Schule angebotenen Fächer Thema ist.

---

[16] Aus diesem Grund verzichten wir an dieser Stelle auf einen differenzierten Überblick über diese Schulformen.

[17] Hierbei ist erstens zu bedenken, dass Lehrpläne für die Bildungszweige Haupt-, Realschule und Gymnasium in manchen Bundesländern auch für die übergreifenden Schulformen gelten, und zweitens, dass sich mindestens an den Besuch einer Schule der *Rubrik A* (Sek I), häufig aber auch der *Rubrik B* (Sek II in der Berufsausbildung), der Besuch einer weiteren Schule aus einer darauf aufbauenden Rubrik (also A→B, A→C oder B→C) anschließt.

[18] Angesichts der enormen Vielfalt an berufsbildenden Schulen der *Rubrik C* wird hier auf eine weitere Ausdifferenzierung dieser Schulformen verzichtet.

[19] Hierunter zählen in diesem Fall auch Biologie/Naturwissenschaften im Saarland und Naturwissenschaften und Technik in Thüringen.

2.2.3 Tabellarische Zusammenführung der Vergleichsebenen 1 und 2

Nachstehende Tabelle gibt nun einen zusammenfassenden Überblick darüber, an welchen Schulformen und in welchen Schulfächern die einzelnen Bundesländer jeweils Organspende thematisieren (Abb. 3).

2.2.4 Vergleichsebene 3: Welterschließung und Kompetenzerwerb

Die für bioethik-didaktische Fragestellungen grundständige Zielsetzung ethischer Urteilsbildung und damit einhergehender Urteilskompetenz (vgl. Abschn. 1.3) differenziert sich nun domänenspezifisch fachcurricular sowie im Hinblick auf den Modus der Weltbegegnung[20] eigens aus. Um Übersicht und Vergleichbarkeit zu wahren, wurden fachübergreifend sechs übergeordnete Kompetenzen identifiziert und idealtypisch den Modi zugeordnet (Abb. 4).[21]

Kompetenzerwerb im Modus 1: Kognitiv-instrumentelle Modellierung der Welt
Im Fach Biologie zählt der Themenkomplex Organspende zum *Fachwissen* und steht hier entsprechend häufig im Kontext des Erwerbs bzw. der vertiefenden Vernetzung und Anwendung anderer fachbezogener Wissensbestände.[22] Dies könnte der Grund dafür sein, dass Organspende in knapp zwei Dritteln der Bil-

---

[20] Kompetenzerwerb im Bereich Organspende spielt im *Modus 2 der normativ-evaluativen Auseinandersetzung mit Wirtschaft und Gesellschaft* in nur zwei Bundesländern eine Rolle: In Schleswig-Holstein dient es an Berufsschulen als Beispielthema zur Reflexion der eigenen Rolle innerhalb gesellschaftlich-struktureller und wertebezogener Veränderungen. In Thüringen dient es im Bereich der Wahlthemen für die Fachoberschule Gesundheit und Soziales einer nicht näher beschriebenen Auseinandersetzung mit Gesundheitsschutzrechten.

[21] Zu Anforderungen an den Kompetenzerwerb vgl. exemplarisch GPJE 2004; SKK 2005; Fischer und Elsenbast 2006; Obst 2015; Moritz 2017.

[22] *Wissensvernetzung* kann vertikal stattfinden, wenn Inhalte und Wissensbereiche kumulativ aufeinander aufbauen, bestehende Wissensstrukturen eines Bereichs also mit neuem Wissen aus diesem Bereich verbunden werden; Vernetzung kann bei „Anwendung des Gelernten in neuen Kontexten" (Wiesner und Schreiner 2020, S. 327), also in anderen „Lern-, Fach- oder Lebensbereichen" (Wiesner und Schreiner 2020, S. 327), auch horizontal stattfinden. Die horizontale Wissensvernetzung berührt auch die *lebensweltliche Anwendung* des Gelernten, die mithilfe von *Anforderungssituationen* eingespielt wird (Wiesner und Schreiner 2020, S. 323–327).

Bundesländer	Schulformen nach Rubriken A, B, C	Schulfächer nach Modi 1, 2, 3
Baden-Württemberg		1, 3
Bayern		1, 3
Berlin		
Brandenburg	A	3
Bremen		
Hamburg		
Hessen		1, 3
Mecklenburg-Vorpommern	A, C	1, 3
Niedersachsen		1, 3
Nordrhein-Westfalen	A	1
Rheinland-Pfalz	A, C	1, 3
Saarland		1, 3
Sachsen		1, 3
Sachsen-Anhalt		1, 3
Schleswig-Holstein		
Thüringen		
Legende		

In jeder Rubrik/jedem Modus wird Organspende thematisiert.

In ein bis zwei Rubriken/Modi wird Organspende thematisiert (die Buchstaben/Ziffern geben die genauen Rubriken/Modi an).

In keiner Rubrik/keinem Modus wird Organspende thematisiert.

Abb. 3 Explizite Benennung der Organspendethematik in den Bildungsplänen der Bundesländer in Abhängigkeit von Schulformen und Schulfächern (eigene Darstellung)

	Modus der Weltbegegnung	Übergeordnete Kompetenzen
(1)	*Kognitiv-instrumentelle Modellierung der Welt*	- Kommunizieren - Erkenntnisgewinnung - Bewerten
(2)	*Normativ-evaluative Auseinandersetzung mit Wirtschaft und Gesellschaft*	- Wissen & Deuten
(3)	*Probleme konstitutiver Rationalität*	- Argumentieren & Urteilen - Anwenden & Partizipieren

Abb. 4 Modi der Weltbegegnung und Kompetenzzuordnung (eigene Darstellung)

dungspläne für Biologie[23] als verbindliches Unterrichtsthema genannt wird, wovon aber drei Bildungspläne zum Wahlpflichtbereich zählen. Aus den restlichen sieben Bildungsplänen geht nicht eindeutig hervor, ob es ein verbindliches oder nur ein mögliches Thema zur Vertiefung ist.

Grundsätzlich gehört Organspende auffallend oft zum Themenkomplex „Immunsystem", vereinzelt taucht sie auch in anderen Zusammenhängen oder als „eigenes" Thema auf (wie z. B. Organsystem des Menschen, Verantwortung für das Leben und Organtransplantation).

Die prozessbezogenen Kompetenzen *Kommunikation, Erkenntnisgewinnung* und *Bewertung* sollen im Biologieunterricht prinzipiell jeden Unterrichtsinhalt begleiten (SSK 2005, S. 7). Nur sechs Bildungsplänen ist jedoch zu entnehmen, dass die *Bewertungskompetenz* explizit am Beispiel der Organspende gefördert werden soll (Saarland, Gymnasium, Jg. 9; Sachsen, Gymnasium, Jg. 7; Sachsen-Anhalt, Gymnasium, erhöhtes Anforderungsniveau und zweistündiges Wahlpflichtfach Sek II; Sachsen-Anhalt, Berufliches Gymnasium, Jg. 11; Schleswig-Holstein, Gemeinschaftsschule/Gymnasium, Jg. 9/10).

Ein expliziter Beitrag des Faches zur *Kommunikationskompetenz,* wie er für den vorliegenden Diskussionszusammenhang insbesondere von Interesse ist, wird wie folgt erkennbar:

- *Nordrhein-Westfalen, Realschule/Gesamtschule/Sekundarschule, Jg. 9/10:* Hier soll z. B. zur Organspende eine eigenständige Gruppenarbeit geplant und durchgeführt werden.[24]
- *Saarland, Gemeinschaftsschule, Jg. 7/8:* Hier soll zur Organspende und -transplantation recherchiert werden.

---

[23] In vielen Bundesländern haben mehrere Schulformen für bestimmte Jahrgangsstufen und Lernbereiche identische Bildungspläne (z. B. Realschule, Hauptschule und KGS im Fach Biologie für den neunten Jahrgang in Niedersachsen). In solchen Fällen werden sie für einen besseren Zugriff auf die Untersuchung des Kompetenzerwerbs zusammengenommen und jeweils als „ein" Bildungsplan betrachtet. Damit gehen wir für die Fächer im *Modus 1* von 26, für die Fächer im *Modus 2* von zwei und für die Fächer im *Modus 3* von 59 Bildungsplänen aus, in denen der Themenkomplex Organspende explizit Erwähnung findet.

[24] Für den Ethik- und Religionsunterricht bspw. wird in konkreten Unterrichtsmaterialien eine kommunikativ-diskursive Auseinandersetzung in Form von Gruppenarbeit sogar empfohlen, da statt der Kategorien gut und schlecht, die ein Frontalunterricht suggeriere, „besser [...] in den Kategorien von angemessen bzw. unangemessen" gesprochen werden solle. Dabei müssen die Sachinformationen zu den jeweiligen Themen schülerinnen- und schülergerecht aufbereitet und die Lernenden sollten selbst an der Recherche beteiligt werden (Schwendemann und Stahlmann 2006, S. 9).

- *Saarland, Gymnasium, Jg. 9:* Hier sollen im Zusammenhang mit der Gewebe- und Organspende nicht nur das Transplantationsgesetz und transplantierbare Gewebe und Organe im Kontext des Immunsystems thematisiert, sondern auch Vorteile und Risiken der Organspende, ethische Aspekte sowie die eigene Spende- oder Empfangsbereitschaft diskutiert werden.
- *Sachsen, Fachoberschule, Jg. 12:* Hier kann (ohne eindeutige Verbindlichkeit) die Bereitschaft zur Organspende diskutiert werden.
- *Sachsen-Anhalt, Berufliches Gymnasium, Jg. 11:* Hier sollen nicht nur von der Organtransplantation ausgehend Abstoßungsreaktionen und die Bedeutung der Proteinübereinstimmung erläutert, sondern auch adressatengerechtes Informationsmaterial erstellt und präsentiert sowie Möglichkeiten und Grenzen der Organspende unter ethischen Aspekten diskutiert und bewertet werden.
- *Sachsen-Anhalt, Gymnasium/Gesamtschule/Berufliches Gymnasium, erhöhtes Anforderungsniveau Sek II:* Hier können (zusätzlich zu verbindlichen Inhalten) Möglichkeiten und Grenzen von Organtransplantation recherchiert werden.
- *Thüringen, Gymnasium, Jg. 10, Wahlpflichtfach:* Hier soll en Aspekte der Organspende adressatengerecht kommuniziert werden.

Eine fächerübergreifende Thematisierung der Organspende wird in wenigstens zwei Bildungsplänen des Faches Biologie empfohlen: in Niedersachsen, Realschule/Hauptschule/KGS, Jg. 9/10 mit den Fächern Religion bzw. Ethik und in Sachsen-Anhalt, Gesamtschule/Gymnasium, Jg. 10 mit dem Fach Evangelische Religion.

Kompetenzerwerb im Modus 3: Probleme konstitutiver Rationalität

Organspende ist in den meisten Bildungsplänen der Fächer dieses Modus ein Beispielthema, das im Zusammenhang mit ethischem oder religionsbezogenem Fachwissen zur Gewinnung ethischer oder religiöser *Deutungs-, Argumentations- & Urteils-* und *Anwendungs- & Partizipationskompetenz* herangezogen werden kann, aber nicht muss. Selten ist es als verbindliches Unterrichtsthema ausgeschrieben (*Ethik:* Baden-Württemberg, Berufsschule; Hessen, Hauptschule/KGS/, Jg. 10, Gymnasium/Berufliches Gymnasium/KGS/IGS, Sek II; Niedersachsen, Berufsschule/Berufsfachschule; Sachsen-Anhalt, Fachoberschule, Jg. 12; Thüringen, Regelschule/Gemeinschaftsschule, Jg. 9 für Hauptschulabschluss, Jg. 10 für Realschulabschluss, Regelschule/Gymnasium, Jg. 10 für gymnasialbezogenen Abschluss, Berufsbildende Schulen; *Evangelische Religion:* Sachsen-Anhalt, Berufsschule/Berufsfachschule/Fachoberschule/Fachschule). In welchem Maße konkretes Wissen über Organspende vermittelt werden soll, ist in den Bildungsplänen jedoch nicht festgehalten. Folgende Schlagworte sind zu finden: Organentnahme,

Organtransplantation, Organspende, Organspendeproblematik, Organersatz, Spenderorganverteilung, Mangel an Spenderorganen, Organhandel, Organspendeausweis, Hirntod, Hirntodproblematik, Transplantation, Transplantationsmedizin, Transplantationswesen, Empfänger, Spender, Angehörige.

Einzig in Sachsen-Anhalt zählen im Fach Evangelische Religion an Berufsschulen, Berufsfachschulen, Fachoberschulen und Fachschulen explizit medizinische und rechtliche Grundlagen der Organspende und des Transplantationswesens, unterschiedliche philosophische und theologische Auffassungen zur Hirntodproblematik sowie psychologische Aspekte zu den verbindlichen Unterrichtsinhalten. Sie stehen in Verbindung mit der Lebensethik sowie der Verantwortung von Politik und Wissenschaft. Besonderes Augenmerk fällt hierbei außerdem auf den Vorschlag, dass Lernende sich mit den Sichtweisen eines Organempfängers, eines Organspenders und den Angehörigen eines Empfängers bzw. Spenders auseinandersetzen.

Daneben fällt auf, dass in Mecklenburg-Vorpommern an Gymnasien (Sek I), Regionalen Schulen und KGS fachübergreifende und fächerverbindende Projekte mit dem Fach Biologie zur Organtransplantation und -spende angeregt werden.

3 Resümierende Überlegungen

3.1 Zusammenführung und Diskussion der Analyseergebnisse

In den Analyseergebnissen auf Ebene der *Bundesländer* zeigt sich eine unterschiedliche Gewichtung von Organspende als schulischem Bildungsgegenstand. Es wird ersichtlich, dass am einzigen Ort, den alle deutschen Bürgerinnen und Bürger im Laufe ihres Lebens verpflichtend aufsuchen müssen, keine flächendeckende Aufklärung über Organspende stattfindet. Die Analyseergebnisse auf Ebene der *Schulformen* präzisieren diesen Befund: Schülerinnen und Schüler der Bundesländer Berlin, Bremen und Hamburg erhalten keine, Schülerinnen und Schüler der Bundesländer Brandenburg, Mecklenburg-Vorpommern, Nordrhein-Westfalen und Rheinland-Pfalz nur wenig Möglichkeiten, sich in ihrer gesamten Schullaufbahn mit Organspende zu beschäftigen. In den Bundesländern Bayern, Baden-Württemberg, Hessen, Niedersachsen, Saarland, Sachsen, Sachsen-Anhalt, Schleswig-Holstein und Thüringen erhalten viele Schülerinnen und Schüler sowohl in der Sek I als auch in der Sek II das Angebot, Organspende zu thematisieren. Wer sich hier nach einer Berufsausbildung noch weiterqualifizieren will und eine Schule der *Rubrik C* besucht, erhält dieses Angebot im Rahmen der Sek II u. U. sogar doppelt.

Die Analyseergebnisse auf Ebene der *Jahrgangsstufen* deuten darauf hin, dass die Thematisierung von Organspende im schulischen Unterricht für die Schülerinnen und Schüler häufig mit dem Erhalt des Organspendeausweises zusammenfällt, da das Thema in Jahrgangsstufe 9/10 am häufigsten verankert ist. Wo Organspende auch schon in Jahrgangsstufe 7/8 eingebracht wird, kann sogar vorher schon eine erste Begegnung mit der Thematik angebahnt werden, auf die später aufgebaut werden kann. Die ggf. zusätzliche Auseinandersetzung damit in der Sek II kann ferner dazu beitragen, die persönliche Urteilsbildung ernst zu nehmen und die Beschäftigung zu intensivieren. Damit können die vorgesehenen Altersklassen als angemessen bewertet werden.

Auf dieser Basis scheint Organspende folglich trotz rechtlicher und bildungstheoretischer Dringlichkeit nicht bundesweit als unanfechtbar gültiger und wertvoller Wissensbestand beurteilt zu werden, der der Zukunftsorientierung schulischer Bildung entspricht und damit *allen* Lernenden zugänglich sein muss. Zwar erhalten alle deutschen Bürgerinnen und Bürger auch andernorts Aufklärungsangebote, jedoch können sie hierbei im Gegensatz zum schulischen Unterricht frei über eine bewusste Auseinandersetzung entscheiden.

In den Analyseergebnissen auf Ebene des *Kompetenzerwerbs* zeigt sich in den Vorschlägen für fachübergreifende oder fächerverbindende Projekte eine Vernetzung der *Weltbegegnung im Modus der kognitiv-instrumentellen Modellierung der Welt* und der *Weltbegegnung im Modus der Probleme konstitutiver Rationalität.* Das deutet darauf hin, dass eine biomedizinische Auseinandersetzung mit der Organspende (Wissenserwerb) die ethische Urteilsbildung/Entscheidungsfindung (Deuten, Argumentieren & Urteilen) mitberücksichtigen muss bzw. umgekehrt eine ethische Urteilsbildung/Entscheidungsfindung auf biomedizinisches Fachwissen angewiesen ist. Der Bildungsplan für das Fach Evangelische Religion an Berufsschulen, Berufsfachschulen, Fachoberschulen und Fachschulen in Sachsen-Anhalt zeigt außerdem, dass ethische Themen auch von der *Weltbegegnung im Modus der normativ-evaluativen Auseinandersetzung mit Wirtschaft und Gesellschaft* berührt werden. In der Vernetzung der Modi zeichnet sich einmal mehr ab, was die Analyseergebnisse auf Ebene des *Kompetenzerwerbs* auch grundsätzlich abbilden: Die einzelnen Kompetenzen (Wissen & Deuten, Kommunizieren, Erkenntnisgewinnung, Argumentieren & Urteilen, Bewerten, Anwenden & Partizipieren) sind nicht trennscharf voneinander zu unterscheiden – was gleichwohl die Definition von Kompetenzen als Zusammenspiel aus Wissen und Können (vgl. Abschn. 1.1) verdeutlicht. Auch die Analyseergebnisse auf Ebene der *Unterrichtsfächer* bekräftigen dies, ist doch zum einen Organspende als ursprünglich biomedizinisches Fachgebiet am stärksten in *Modus 3* angesiedelt, dicht gefolgt von *Modus 1* und zwar mit wenigen, aber dennoch vorhandenen Berührungspunkten abgeschlossen mit *Modus 2*. Zum anderen zeigt sich insgesamt, dass die ethische Seite des Themas Organspende in jedem Modus Beachtung findet.

Mithilfe der Analyseergebnisse auf Ebene des *Kompetenzerwerbs* erscheint außerdem die schulisch angestrebte Aufklärung über Organspende auf eine Entscheidungsfindung fokussiert zu sein – mindestens dort, wo diese tatsächlich explizit curricular verankert ist. Der Organspendeausweis als Dokumentationsmedium ist zwar nur selten als Schlagwort zu finden, weshalb nicht zwingend der Aufruf zu einer Dokumentation der eigenen Entscheidung erwartet werden kann. Jedoch zielt gerade die Thematisierung in den Fächern im *Modus 3* auf die Argumentations- und Urteilskompetenz. Wie ergebnisoffen der schulische Aufklärungsprozess im Sinne des TPG ist, liegt letztlich aber in der Verantwortung der unterrichtenden Lehrkräfte.

3.2 Befunde und Perspektiven

Als Gesamtfazit ergibt sich *erstens*, dass Argumente, die für einen schulischen Bildungsauftrag im Blick auf Organspende sprechen, auf schul-, bildungs- und kompetenztheoretischer Ebene liegen. Sie sind *zweitens* flankiert von bioethik-didaktischen Zielsetzungen, wobei insbesondere das Potential der Organspende bzw. des Organspendeausweises als konkreter Anforderungssituation zu unterstreichen ist. Demgegenüber eröffnet die Analyse bundesdeutscher Bildungspläne *drittens,* dass der Kommunikation über Organspende im Blick auf curriculare Vorgaben derzeit (noch) kein Status „bundesweiter Bildungsauftrag" zukommt. In Anbetracht des inzwischen erweiterten Transplantationsgesetzes und des Aufrufs zur Entscheidung mittels Organspendeausweis erstaunt dieser Befund. Zugleich zeigt sich *viertens*, dass nicht alle Lernenden, die einen Hauptschulabschluss anstreben, im Laufe ihrer Schulzeit mit der Organspendethematik befasst werden.

Hervorzuheben ist schließlich *fünftens,* dass dort, wo unterrichtliche Kommunikation über Organspende curricular vorgesehen ist, dies in der überwiegenden Mehrheit der Fälle in altersangemessenen Jahrgangsstufen geschieht – und zwar sowohl hinsichtlich entwicklungspsychologischer Erwägungen als auch hinsichtlich des Alters, in dem der Organspendeausweis erstmals ausgestellt wird. Gleichwohl wäre zu prüfen, inwiefern sich – auch und gerade im Zusammenspiel unterschiedlicher Schulformen und/oder der Sekundarstufen I und II – hier nicht noch stärker Aspekte eines Spiralcurriculums insofern in Anschlag bringen ließen, als das Unterrichtsthema mehrfach in der Schullaufbahn im Lernangebot enthalten ist.

Insgesamt zeigt sich *sechstens*, dass die unterrichtliche Kommunikation über Organspende nicht nur auf die Aneignung biomedizinischen Wissens zielt, sondern auch unmittelbare Sinn-, Identitäts- und Lebensgestaltungsfragen aufscheinen, die in Verzahnung unterschiedlicher Modi der Weltbegegnung bearbeitet werden können und sollen. Als in didaktischer Hinsicht wegweisend im Blick auf fächerübergreifende Projekte vermögen hierfür die Bundesländer Niedersachsen (Biologie an Real-, Hauptschulen und KGS), Mecklenburg-Vorpommern (Evangelische Religion an Gymnasien, Regionalen Schulen und KGS) sowie Sachsen-Anhalt (Evangelische Religion an Berufsschulen u. a. sowie Biologie an Gesamtschulen und Gymnasien) zu gelten. Letzteres Bundesland forciert darüber hinaus im Fach Evangelische Religion an Berufsbildenden Schulen die Perspektivenübernahme der beteiligten Akteure. Hieran wird zum einen die Komplexität bioethischer Themen deutlich, zum anderen aber gerade dieser Komplexität auch motivierend begegnet.

In Summe eröffnen die Überlegungen den Lernort Schule als einen Raum, in dem das Sprechen über Organspende eingeübt werden kann – losgelöst von der konkreten Akut-Entscheidungssituation und zugleich eingebettet in die konkrete Anforderungssituation, sich zum Organspendeausweis zu verhalten. Darin wiederum läge bspw. auch die Chance, diese Kommunikation im Elternhaus fortzusetzen.

Websites der Bundesländer mit Zugang zu den Bildungsplänen

Bayern	Staatsinstitut für Schulqualität und Bildungsforschung München. *Lehrplan*. https://www.isb.bayern.de/schulartspezifisches/lehrplan/. Zugegriffen: 14. Februar 2022.
Baden-Württemberg	Ministerium für Kultus, Jugend und Sport Baden-Württemberg. *Bildungspläne Baden-Württemberg*. https://www.bildungsplaene-bw.de/Lde/Startseite. Zugegriffen: 14. Februar 2022.
Berlin und Brandenburg	Bildungsserver Berlin-Brandenburg. *Rahmenlehrpläne*. https://bildungsserver.berlin-brandenburg.de/unterricht/rahmenlehrplaene. Zugegriffen: 14. Februar 2022. Senatsverwaltung für Bildung, Jugend und Familie. *Rahmenlehrpläne*. https://www.berlin.de/sen/bildung/unterricht/faecher-rahmenlehrplaene/rahmenlehrplaene/. Zugegriffen: 14. Februar 2022.
Bremen	Freie Hansestadt Bremen Landesinstitut für Schule. *Bildungspläne nach Stufen*. https://www.lis.bremen.de/schulqualitaet/curriculumentwicklung/bildungsplaene-15219. Zugegriffen: 14. Februar 2022.
Hamburg	hamburg.de. *Bildungspläne*. https://www.hamburg.de/bildungsplaene/. Zugegriffen: 14. Februar 2022.
Hessen	kultus.hessen.de. *Grundlagen Lehrpläne*. https://kultusministerium.hessen.de/Unterricht/Kerncurricula-und-Lehrpläne/Lehrpläne. Zugegriffen: 14. Februar 2022.

Mecklenburg-Vorpommern	Bildungsserver Mecklenburg-Vorpommern. *Fächer und Rahmenpläne.* https://www.bildung-mv.de/schueler/schule-und-unterricht/faecher-und-rahmenplaene/. Zugegriffen: 14. Februar 2022.
Niedersachsen	Niedersächsisches Landesinstitut für schulische Qualitätsentwicklung. *Curriculare Vorgaben für allgemeinbildende Schulen und berufliche Gymnasien.* https://cuvo.nibis.de/cuvo.php. Zugegriffen: 14. Februar 2022.
Nordrhein-Westfalen	Qualitäts- und UnterstützungsAgentur – Landesinstitut für Schule. *Lehrplannavigator.* https://www.schulentwicklung.nrw.de/lehrplaene/. Zugegriffen: 14. Februar 2022.
Rheinland-Pfalz	Rheinland-Pfalz Bildungsserver. *Lehrpläne.* https://lehrplaene.bildung-rp.de. Zugegriffen: 14. Februar 2022.
Saarland	Ministerium für Bildung und Kultur Saarland. *Lehrpläne und Handreichungen. Eine Übersicht aller Lehrpläne an den saarländischen Schulen.* https://www.saarland.de/mbk/DE/portale/bildungsserver/themen/unterricht-und-bildungsthemen/lehrplaenehandreichungen/lehrplaenehandreichungen_node.html. Zugegriffen: 14. Februar 2022.
Sachsen	sachsen.de. *Schule und Ausbildung. Verzeichnis der Lehrpläne und weiterer Materialien.* http://lpdb.schule-sachsen.de/lpdb/. Zugegriffen: 14. Februar 2022.
Sachsen-Anhalt	Landesinstitut für Schulqualität und Lehrerbildung Sachsen-Anhalt (LISA). *„Bildung in der digitalen Welt" an den Grundschulen und Sekundarschulen in Sachsen-Anhalt: Gesamtübersicht als Grundlage für schulinterne Planungen.* https://lisa.sachsen-anhalt.de/unterricht/lehrplaenerahmenrichtlinien/. Zugegriffen: 14. Februar 2022.
Schleswig-Holstein	Institut für Qualitätsentwicklung an Schulen Schleswig-Holstein des Ministeriums für Bildung, Wissenschaft und Kultur des Landes Schleswig-Holstein. *IQSH-Lehrplanportal.* https://lehrplan.lernnetz.de. Zugegriffen: 14. Februar 2022.
Thüringen	Thüringer Schulportal. *Thüringer Lehrpläne.* https://www.schulportal-thueringen.de/lehrplaene. Zugegriffen: 14. Februar 2022.

Literatur

Baumert, J. (2002). Deutschland im internationalen Bildungsvergleich. In N. Killius, J. Kluge & L. Reisch (Hrsg.), *Die Zukunft der Bildung* (S. 100–150), Frankfurt am Main: Suhrkamp Verlag.

Buck, A. & Knelles-Neier, M. (2018). Leib, Leben, Lebendigkeit. Perspektiven aus der Transplantationsmedizin. In M. Bienert & M. Fuchs (Hrsg.), *Ästhetik – Körper – Leiblichkeit. Aktuelle Debatten in bildungsbezogener Absicht* (S. 107–115), Stuttgart: Kohlhammer.

Bundesgesetzblatt (1949). *Grundgesetz für die Bundesrepublik Deutschland.* Bundesgesetzblatt Jahrgang 1949 Teil I Nr. 1, ausgegeben in Bonn am 23. Mai 1949. https://www.bgbl. de/xaver/bgbl/start.xav?start=%2F%2F*%5B%40attr_id%3D%27bgbl149001.pd-f%27%5D#__bgbl__%2F%2F*%5B%40attr_id%3D%27bgbl149001.pd-f%27%5D__1656953540208. Zugegriffen: 4. Juli 2022. [zitiert als: GG 1949].
Bundesgesetzblatt (1997). *Gesetz über die Spende, Entnahme und Übertragung von Organen und Geweben (Transplantationsgesetz – TPG).* Bundesgesetzblatt Jahrgang 1997 Teil I Nr. 74, ausgegeben zu Bonn am 11. November 1997. https://www.bgbl.de/xaver/ bgbl/start.xav?start=%2F%2F*%5B%40attr_id%3D%27bgbl197s2631.pd-f%27%5D#__bgbl__%2F%2F*%5B%40attr_id%3D%27bgbl197s2631.pd-f%27%5D__1656954590798. Zugegriffen: 4. Juli 2022. [zitiert als: TPG 1997].
Bundesgesetzblatt (2020). *Gesetz zur Stärkung der Entscheidungsbereitschaft bei der Organspende,* Bundesgesetzblatt Jahrgang 2020 Teil I Nr. 13, ausgegeben zu Bonn am 19. März 2020. https://www.bgbl.de/xaver/bgbl/start.xav?startbk=Bundesanzeiger_BG-Bl&start=//*[@attr_id=%27bgbl120s0497.pdf%27]#__bgbl__%2F%2F*%5B%40attr_id%3D%27bgbl120s0497.pdf%27%5D__1646764008470. Zugegriffen: 4. Juli 2022. [zitiert als: GSEO 2020].
Bundesministerium für Gesundheit (2022). Gesetz zur Stärkung der Entscheidungsbereitschaft bei der Organspende. https://www.bundesgesundheitsministerium.de/ zustimmungsloesung-organspende.html. Zugegriffen: 18. März 2022.
Edelstein, B. (2013). Das Bildungssystem in Deutschland. https://www.bpb.de/ajax/183654?-type=pdf. Zugegriffen: 01. Februar 2022.
Edelstein, B. & Grellmann, S. (2017). Welche Sekundarschulen gibt es in Deutschland und welche Bildungsgänge werden dort unterrichtet? Allgemeinbildende Schulen und Bildungsgänge der Sekundarstufe I und II, nach Bundesland (2017). https://www.bpb.de/ gesellschaft/bildung/zukunft-bildung/256373/welche-sekundarschulen-gibt-es-in-deutschland-und-welche-bildungsgaenge-werden-dort-unterrichtet. Zugegriffen: 01. Februar 2022.
Fend, H. (2008a). *Neue Theorie der Schule. Einführung in das Verstehen von Bildungssystemen. Lehrbuch* (2., durchgesehene Aufl.). Wiesbaden: VS Verlag für Sozialwissenschaften.
Fend, H. (2008b). *Schule gestalten. Systemsteuerung, Schulentwicklung und Unterrichtsqualität. Lehrbuch.* Wiesbaden: VS Verlag für Sozialwissenschaften.
Fischer, D. & Elsenbast, V. (2006). *Grundlegende Kompetenzen religiöser Bildung. Zur Entwicklung des evangelischen Religionsunterrichts durch Bildungsstandards für den Abschluss der Sekundarstufe I.* Münster: Comenius-Institut.
Fuchs, M. E. (2010). *Bioethische Urteilsbildung im Religionsunterricht. Theoretische Reflexion – Empirische Rekonstruktion* (Arbeiten zur Religionspädagogik, 43). Göttingen: Vandenhoeck & Ruprecht.
Fuchs, M. (2021a). Art. Bioethik. In *Das wissenschaftlich-religionspädagogische Lexikon* www.wirelex.de. https://doi.org/10.23768/wirelex.Bioethik.200867.
Fuchs, M. E. (2021b). Lernen an Fallstudien. In: M. Zimmermann & K. Lindner (Hrsg.): *Handbuch ethische Bildung – religionspädagogische Fokussierungen.* (S. 304–310), Tübingen: Mohr Siebeck (UTB).
Gesellschaft für Politikdidaktik und politische Jugend- und Erwachsenenbildung (2004). *Anforderungen an nationale Bildungsstandards für den Fachunterricht in der Politischen Bildung an Schulen. Ein Entwurf* (2. Aufl.). Schwalbach/Ts.: WOCHENSCHAU Verlag. [zitiert als: GPJE 2004].

Kahl, A. & Weber, T. (2018a). Zur Konstruktion von Wissen über die Organspende unter besonderer Berücksichtigung des Hirntodes (I). Eine Analyse von Bevölkerungsbefragungen. In A. M. Esser, A. Kahl, D. Kersting, C. G. W. Schäfer & T. Weber (Hrsg.), *Die Krise der Organspende. Anspruch, Analyse und Kritik aktueller Aufklärungsbemühungen im Kontext der postmortalen Organspende in Deutschland* (S. 39–50), (Sozialwissenschaftliche Abhandlungen der Görres-Gesellschaft, 30). Berlin: Duncker & Humblot.

Kahl, A. & Weber, T. (2018b). Zur Konstruktion von Wissen über die Organspende unter besonderer Berücksichtigung des Hirntodes (II). Analyse des audiovisuellen „Aufklärungsmaterials" der Bundeszentrale für gesundheitliche Aufklärung. In A. M. Esser, A. Kahl, D. Kersting, C. G. W. Schäfer & T. Weber (Hrsg.), *Die Krise der Organspende. Anspruch, Analyse und Kritik aktueller Aufklärungsbemühungen im Kontext der postmortalen Organspende in Deutschland* (S. 51–83), (Sozialwissenschaftliche Abhandlungen der Görres-Gesellschaft, 30). Berlin: Duncker & Humblot.

Klieme, E., Avenarius, H., Blum, W., Döbrich, P., Gruber, H., Prenzel, M., Reiss, K., Riquarts, K., Rost, J., Tenorth, H.-E. & Vollmer, H. J. (2007). *Zur Entwicklung nationaler Bildungsstandards. Eine Expertise* (Bildungsforschung, 1). Bonn, Berlin: Bundesministerium für Bildung und Forschung.

Kultusministerkonferenz (2019). Grundstruktur des Bildungswesens in der Bundesrepublik Deutschland. Diagramm. https://www.kmk.org/fileadmin/Dateien/pdf/Dokumentation/de_2019.pdf. Zugegriffen: 16. März 2022.

Lenhard, H. (2017). Art. Anforderungssituationen. In *Das wissenschaftlich-religionspädagogische Lexikon* www.wirelex.de. https://doi.org/10.23768/wirelex.Anforderungssituationen.100242.

Manz, U. & Schmid, B. (2009). *Bioethik in der Schule. Grundlagen und Gestaltungsformen.* Münster u. a.: Waxmann.

Moritz, A. (2017). Ein Kompetenzentwicklungsmodell für den Ethikunterricht. In U. Eichler & A. Moritz (Hrsg.): *Ethik kompetenzorientiert unterrichten I und II. Eine Konzeption für die Klassen 9/10. Begleitmaterial zu Ethik kompetenzorientiert unterrichten: Kompetenzmodell – Methodenlernen – Sach- und Personenregister* (S. 9–41). Göttingen, Bristol: Vandenhoeck & Ruprecht.

Neier, J. (2020). Hirntod. *Loccumer Pelikan, 2/2020* (S. 28f.). https://www.rpi-loccum.de/damfiles/default/rpi_loccum/Materialpool/Pelikan/Pelikanhefte/pelikan2_20.pdf-1a bf40787335d4300891430ea0bd5f31.pdf. Zugegriffen: 09. Februar 2022.

Neier, J. & Schwich, L. (2018). Menschenbilder, Körperbilder, Selbstbilder – Zugänge und begriffliche Annäherungen. In M. Bienert & M. Fuchs (Hrsg.), *Ästhetik – Körper – Leiblichkeit. Aktuelle Debatten in bildungsbezogener Absicht* (S. 35–49), Stuttgart: Kohlhammer.

Nunner-Winkler, G. (2012). Moral. In W. Schneider & U. Lindenberger (Hrsg.), *Entwicklungspsychologie* (7., vollständig überarbeitete Aufl.), (S. 521–541). Weinheim, Basel: Beltz.

Obst, G. (2015). *Kompetenzorientiertes Lehren und Lernen im Religionsunterricht* (4. Aufl.). Göttingen: Vandenhoeck & Ruprecht.

Schaefer, C. (2014). Organspende – was will und was sollte der Bürger wissen?. In M. C. M. Müller & M. Coors (Hrsg.), *Organtransplantation: Der Spagat zwischen Information und Werbung. Ethische Aspekte einer Informationspolitik zur Organtransplantation* (S. 13–28), Loccumer Protokoll, 73/13. Rehburg-Loccum: Evangelische Akademie Loccum.

Schoberth, I. (2021). Argumentieren und urteilen lernen. In M. Zimmermann & K. Lindner (Hrsg.): *Handbuch ethische Bildung – religionspädagogische Fokussierungen* (S. 291–296), Tübingen: Mohr Siebeck (UTB).

Schwendemann, W. & Stahlmann, M (2006). *Ethik für das Leben. Materialien und Unterrichtsentwürfe zu den Themen: Der Anfang des Lebens – Ehrfurcht vor dem Leben – Schwangerschaftsabbruch – Sterben, Tod, Auferstehung – Sterbebegleitung, Sterbehilfe, Euthanasie – Organmarkt – Xenotransplantation* (2. Aufl.). Stuttgart: Calwer.

Sekretariat der Ständigen Konferenz der Kultusminister der Länder in der Bundesrepublik Deutschland (2005). *Beschlüsse der Kultusministerkonferenz. Bildungsstandards im Fach Biologie für den mittleren Schulabschluss. Beschluss vom 16.12.2004.* München, Neuwied: Luchterhand. [Zitiert als: SKK 2005].

Sodian, B. (2012). Denken. In W. Schneider & U. Lindenberger (Hrsg.), *Entwicklungspsychologie* (7., vollständig überarbeitete Aufl.), (S. 385–407). Weinheim, Basel: Beltz.

Weinert, F. E. (2001). Vergleichende Leistungsmessung in Schulen – eine umstrittene Selbstverständlichkeit. In F. E. Weinert (Hrsg.), *Leistungsmessungen in Schulen* (S. 17–31). Weinheim, Basel: Beltz.

Wesemann, W. (2022). *Schülerperspektiven zum Thema Organspende – eine empirische Untersuchung in religionspädagogischer Absicht.* Unveröffentlichte Masterarbeit, Leibniz Universität Hannover.

Wiesner, C. & Schreiner, C. (2020). Ein Modell für den kompetenzorientierten Unterricht und als Impuls für reflexive Unterrichtsentwicklung und -forschung. In U. Greiner, F. Hofmann, C. Schreiner & C. Wiesner (Hrsg.), *Bildungsstandards. Kompetenzorientierung, Aufgabenkultur und Qualitätsentwicklung im Schulsystem* (S. 319–352), (Salzburger Beiträge zur Lehrer/innen/bildung: Der Dialog der Fachdidaktiken mit Fach- und Bildungswissenschaften, 7). Münster, New York: Waxmann.

Charlotte Koscielny, *M.Ed.,* ist wissenschaftliche Mitarbeiterin am Institut für Theologie der Leibniz Universität Hannover im Fachbereich Religionspädagogik.

Dr. disc. pol. Monika E. Fuchs ist Professorin für Ev. Theologie mit Schwerpunkt Religionspädagogik am Institut für Theologie der Leibniz Universität Hannover.

Gelingende Kommunikation: ethische Reflexion der normativen Grundlagen der Angehörigengespräche über Organspende

Julia Inthorn

Zusammenfassung

Der Beitrag widmet sich den ethischen Fragen in Bezug auf die Kommunikation mit Angehörigen über Organspende. Hierfür werden grundlegende ethische Argumentationslinien der Debatte um Organtransplantation mit Ergebnissen empirischer und empirisch-ethischer Forschung konfrontiert. Darauf aufbauend werden die Abwägungen, die Transplantationsbeauftragte und medizinisches Personal bei der Gestaltung des Gesprächs vornehmen müssen, ethisch reflektiert und durch Anregungen aus anderen ethischen Debatten ergänzt.

Schlüsselwörter

Ethik · Transplantationsbeauftragte · Organtransplantation · Patientenwohl · Autonomie · Angehörigengespräch

J. Inthorn (✉)
Zentrum für Gesundheitsethik an der Ev. Akademie Loccum,
Hannover, Deutschland
e-mail: Julia.Inthorn@evlka.de

© Der/die Autor(en), exklusiv lizenziert an Springer Fachmedien
Wiesbaden GmbH, ein Teil von Springer Nature 2023
M. E. Fuchs et al. (Hrsg.), *Organspende als Herausforderung gelingender
Kommunikation*, Medizin, Kultur, Gesellschaft,
https://doi.org/10.1007/978-3-658-39233-8_9

1 Einleitung

Der Verlust eines geliebten Menschen ist für die meisten Menschen mit Schmerz und Trauer verbunden, die dann jeweils individuell erlebt werden. In dieser Situation werden Angehörige auf die Möglichkeit der Organspende angesprochen. Die Wahrnehmungen der Angehörigen, wie das für sie die Situation verändert, fallen sehr unterschiedlich aus. Während es Berichte von Angehörigen gibt, die die Frage als zusätzlich traumatisierend erlebt haben, gibt es andere, für die die Organspende ein tröstendes Element in der Trauer war (Blaes-Eise et al. 2009). Durch die Gestaltung des Gesprächs von Seiten des Gesundheitspersonals kann dieses Erleben beeinflusst werden. Dabei müssen Abwägungen getroffen werden, die eingebettet sind in allgemeine ethische Grundlagen und gleichzeitig der individuellen Situation der Angehörigen gerecht werden müssen.

Der Beitrag widmet sich den ethischen Fragen in Bezug auf die Kommunikation mit Angehörigen über Organspende. Dazu werden zunächst einige grundlegende Argumentationslinien innerhalb der ethischen Debatten über Organspende dargelegt und anschließend wird anhand der vier bioethischen Prinzipien der Blick auf die besonderen ethischen Fragen der Organspende im klinischen Kontext gerichtet. Dem werden Ergebnisse aus empirischen Untersuchungen gegenübergestellt. Daraus werden Anregungen zur ethischen Reflexion für die Gesprächssituation abgeleitet.

2 Hintergrund: anhaltender gesellschaftlicher Diskussionsbedarf

Die Frage der Organspende bietet viele ethische Bezüge, die sowohl individuelle Positionen als auch deren gesellschaftliche Diskussion und mediale Verarbeitung betreffen. Dabei geht es nicht um die ethische Einordnung der grundsätzlichen Zulässigkeit der Organtransplantation, sondern um die Stärkung der Organspende, insbesondere den Umgang damit, dass die Zahl der Organspenden in Deutschland niedrig ist (vgl. Nationaler Ethikrat 2007). Entsprechend sind die ethischen Debatten rund um die Organtransplantation in Deutschland geprägt von Fragen der Spendenbereitschaft und Abwägungen zu möglichen Maßnahmen, die geeignet sein könnten, die Zahl der Organspenden in Deutschland zu erhöhen. Neben organisatorischen Fragen des Ablaufs im Vorfeld einer Organentnahme werden dabei auch immer wieder Diskussionen um die Regelung der Zustimmung zur Organspende geführt (ebd.). Die Möglichkeit, mehr Menschen auf der Warteliste helfen zu können, soll durch entsprechende Regelungen befördert werden. Abzuwägen ist dies gegen den Schutz der freien Entscheidung jedes und jeder Einzelnen und den Schutz der körperlichen Integrität. Debatten um die sogenannte Widerspruchslösung und die aktuell geltende Entscheidungslösung blieben nicht auf die ethische Diskussion beschränkt, sondern waren in jüngerer Zeit auch eng verbunden mit parlamentarischen Debatten.[1] Als weitere zentrale Frage der ethischen Debatte wird die Auseinandersetzung darum, wann der Mensch als tot anzusehen ist, benannt (DRZE 2022; Wiesing 2020). Der irreversible vollständige Funktionsausfall des gesamten Gehirns wird dabei als Tod des Menschen definiert. Diese Definition findet zwar mehrheitlich Zustimmung, bleibt aber umstritten (vgl. exemplarisch Deutscher Ethikrat 2015).

In die eigene Auseinandersetzung und eine mögliche Entscheidung für oder gegen eine Organspende im Verlauf des Lebens fließen diese Aspekte in unterschiedlicher Form ein. Fragen wie die der Unversehrtheit des Körpers nach dem Tod oder der eigenen Position zum vollständigen und irreversiblen Hirnfunktionsausfall als Tod des Menschen beeinflussen die eigene Haltung zur Organspende (vgl. Wöhlke et al. 2015) und damit auch, ob jemand seine Organe spenden möchte. Dass diese Entscheidung höchstpersönlich und zu respektieren ist, darüber besteht Einigkeit. Umstritten ist aber, inwieweit Bürgerinnen und Bürger etwa durch eine Entscheidungslösung oder Widerspruchslösung dazu verpflichtet werden dürfen, sich mit Organspende auseinanderzusetzen. Unter der aktuellen Regelung der sogenannten Entscheidungslösung gibt es regelmäßig die Anregung von Seiten der Krankenkassen, in einem Organspendeausweis die Entscheidung für oder gegen Organspende zu dokumentieren. Diese kann aber auch ignoriert werden. Ob sich eine Patientin oder ein Patient im Verlauf ihres oder seines Lebens zur Organspende verhalten hat und diese Überlegungen auch schriftlich fixiert oder den Angehörigen kommuniziert hat, bleibt daher das Resultat vieler weiterer Einflussfaktoren.

Wenn Angehörige auf die Möglichkeit der Organspende eines oder einer Verstorbenen angesprochen werden, findet dies vor dem Hintergrund komplexer Zusammenhänge und Bezüge statt, von denen die hier skizzierten ethischen Fragen in der gesellschaftlichen Diskussion nur einen kleinen Teil ausmachen. Die Frage der Organspende ist eine in der Öffentlichkeit vieldiskutierte und moralisch aufgela-

---

[1] Eine Übersicht über verschiedene Positionen in der parlamentarischen Debatte findet sich auf der Website des Deutschen Bundestags „Organspenden: Mehrheit für die Entscheidungslösung" unter https://www.bundestag.de/dokumente/textarchiv/2020/kw03-de-transplantationsgesetz-674682. Zugegriffen: 02.08.2022.

dene Debatte. Hierzu haben in der jüngeren Vergangenheit unter anderem öffentliche Kampagnen (Hansen et al. 2017) und die Diskussionen zu gesetzgeberischen Initiativen beigetragen. Hinzu kommen persönliche Vorstellungen von Leben und Sterben sowie die erlebte Beziehung zur versterbenden Person, so dass sich die Entscheidung für die verschiedenen direkt oder indirekt Beteiligten sehr unterschiedlich darstellen kann. Die Person im Mittelpunkt, der Patient oder die Patientin, kann sich selbst nicht mehr äußern. Gleichzeitig sind seine oder ihre Wünsche und Vorstellungen von Wohl für diesen Menschen der zentrale Bezugspunkt der Kommunikation. Angehörige sehen sich, vielfach sehr unvermittelt, damit konfrontiert, dass eine geliebte Person verstirbt oder verstorben ist. Für sie ist die Situation geprägt von Verlust, Abschied und Trauer.[2] Die Entscheidung über eine mögliche Organspende muss damit eingeordnet werden zwischen Fürsorge für den Angehörigen oder die Angehörige und dem Respekt vor den Wünschen der oder des Verstorbenen.

Das Gesundheitspersonal, insbesondere die Transplantationsbeauftragten, bringen in dieser Situation durch die Frage nach der Organspende vermittelt auch das Wohl der potenziellen Empfängerinnen und Empfänger der Organspende in die Kommunikation ein.

3   Das Angehörigengespräch: Analyse mit Hilfe der vier bioethischen Prinzipien

Die vier bioethischen Prinzipien bieten eine Möglichkeit einer ersten Systematik der ethischen Fragen in Bezug auf Organspende. Die vier Prinzipien, veröffentlicht und kontinuierlich geschärft und weiterentwickelt von Beauchamp und Childress (2009), stellen sogenannte Prinzipien mittlerer Reichweite dar. Die Autoren verfolgen mit ihrem kohärentistischen Ansatz das Ziel, jenseits der großen und nicht abschließbaren Debatten um grundlegende Begründungsfragen in der Ethik für die ethischen Fragen bei klinischen Entscheidungen einen Ansatz vorzulegen, der zu den bekannten theoretischen Positionen nicht in Widerspruch steht, konkret und anwendbar ist und breite Zustimmung im Gesundheitswesen findet. Die vier Prinzipien sind: der Respekt der Patientenautonomie, das Benefizienzprinzip, das Prinzip des Nicht-Schadens und das Prinzip der Gerechtigkeit. Sie haben sich als Grundlage für die Bearbeitung klinisch-ethischer Fälle im deutschsprachigen Kon-

---

[2] Vgl. hierzu auch die Beiträge von Barbara Denkers sowie von Susanne Hirsmüller & Margit Schröer in diesem Band.

text etabliert[3] und können als Heuristik dienen, um die konkreten Bezugspunkte ethischer Fragen im klinischen Kontext zu verdeutlichen.

- *Respekt der Autonomie:* Die Selbstbestimmung der betroffenen Person ist zu wahren. Dies gilt hinsichtlich ihrer Wünsche sowohl in Bezug auf das Versterben (Gibt es eine Patientenverfügung? Wurden für den Sterbeprozess bestimmte medizinische Verfahren abgelehnt?) als auch in Bezug auf die Organspende (Liegt ein Organspendeausweis als dokumentierter Wille vor? Ist der Wille hinsichtlich der Organspende bekannt?). Die Grundlage der selbstbestimmten Entscheidung sind dabei ausreichende Information und die Möglichkeit, etwa im Rahmen der gemeinsamen Entscheidungsfindung (shared decision making) zusammen mit einem Arzt oder einer Ärztin die Information vor dem Hintergrund eigener Werthaltungen einzuordnen und zu bewerten. In abgeschwächter Form kommt auch die Autonomie der Angehörigen zum Tragen, etwa wenn sie die Entscheidung über die Organspende einer anderen gleichermaßen entscheidungsbefugten Person überlassen (TPG 1997, § 4 Abs. 2).
- *Prinzip des Nicht-Schadens:* Die Wahrnehmung von Schaden wie auch von Wohl ist subjektiv und eng mit den individuellen Vorstellungen von gelingendem Leben und Sterben verbunden. Entsprechend können Menschen den möglichen Schaden an der körperlichen Integrität – je nach Menschen- und Körperbild – sehr unterschiedlich einschätzen. Auch der irreversible und vollständige Ausfall der Hirnfunktion wird nicht von allen Menschen mit dem Tod des Menschen gleichgesetzt, so dass die Wahrnehmung eines Schadens durch Organspende entstehen kann. Im Sinne des Nicht-Schadens-Prinzips in Bezug auf die Angehörigen wären Entscheidungen so auszurichten, dass die zusätzliche Belastung oder gar eine Traumatisierung durch das Gespräch vermieden werden.
- *Wohltun:* Das Prinzip des Wohltuns richtet den Blick auf die Person auf der Warteliste, den Empfänger oder die Empfängerin eines Organs. Das Wohl der Personen, denen durch die Organspende die Möglichkeit des Weiterlebens oder eine deutliche Verbesserung der Lebensqualität ermöglicht wird, ist der zentrale Grund für die Transplantation. Das Wohl dieser Personen wird gegen die oben

---

[3] Im klinischen Kontext wurden für komplexe ethische Abwägungen an vielen Krankenhäusern klinische Ethikkomitees gegründet, die dabei unterstützen können, wenn etwa keine Einigkeit bzgl. des Therapieziels bei einem Patienten oder einer Patientin besteht. Dies geschieht in der Regel im Rahmen eines moderierten Fallgesprächs. Dabei versucht ein multiprofessionell zusammengesetztes Team die für eine Behandlungsentscheidung relevanten ethischen Aspekte gegeneinander abzuwägen und im Konsens eine gemeinsame Behandlungsempfehlung zu geben. Die normative Grundlage vieler Modelle klinischer Ethikberatung greift auf die vier Prinzipien zurück, vgl. ZEKO 2006.

genannten Aspekte von Nicht-Schaden und Respekt der Selbstbestimmung abgewogen.

- *Gerechtigkeit:* Das Prinzip der Gerechtigkeit ist in zweifacher Weise bei der Transplantation berührt. Zentral ist im Gespräch mit den Angehörigen die Frage nach den Rechten Dritter, die durch die Transplantation beeinflusst sind. Hier wären neben Spender und Empfänger die Angehörigen zu nennen, ggf. auch Teams, die bei traumatischen Verläufen durch die Frage nach der Organspende oder der Vorbereitung eines Spenders oder einer Spenderin an ihre Grenzen geraten und überfordert sind. Zum anderen ist ein gerechtes Verfahren und das Vertrauen darauf die Grundlage des Verfahrens.

Die vier Prinzipien sind im Angehörigengespräch nicht in gleicher Weise zu gewichten. Das Transplantationsgesetz sieht vor, dass von Seiten der das Gespräch führenden Ärztinnen und Ärzte auf den Respekt der Autonomie gesondert hingewiesen werden soll und Angehörige sich, sofern der Wille des oder der Verstorbenen nicht bekannt ist, am mutmaßlichen Willen orientieren sollen (TPG 1997, § 4 Abs. 1). Sie sollen den Willen des oder der Verstorbenen in Bezug auf Organspende eruieren und vorbringen. Die Studienlage ist uneinheitlich, in welchem Maße den Angehörigen der Patientenwille bekannt ist. Während in der Studie von Blaes-Eise et al. (2009) etwas mehr als die Hälfte der Befragten aussagten, den Wunsch des oder der Angehörigen bezüglich der Organspende zu wissen, weisen andere Statistiken wie die der Deutschen Stiftung Organtransplantation deutlich niedrigere Zahlen aus, wenn es darum geht, dass der Wille zu Lebzeiten schriftlich oder mündlich kommuniziert wurde. Insbesondere der Anteil der Personen, die ihren Willen schriftlich dokumentiert haben, bleibt hier mit 17,3 % weiter niedrig.[4] Während Studien darauf hinweisen, dass Selbstbestimmung im zeitlichen Verlauf immer mehr an Bedeutung gewinnt (Chewning et al. 2012), wird von der expliziten Möglichkeit, selbstbestimmt zu entscheiden, bei der Organspende offenkundig wenig Gebrauch gemacht.

4   Die Bedeutung ethischer Fragen für das Gespräch mit Angehörigen

Bereits die Fokussierung auf die klinische Entscheidung durch die vier Prinzipien macht deutlich, dass die breit geführte gesellschaftliche Debatte über die gesetzliche Regelung um die Form der Einwilligung in die Organspende für die individu-

---

[4]Vgl. die Grafik der DSO „Entscheidung zur Organspende. Deutschland 2021" unter https://dso.de/DSO-Infografiken/Entscheidung_Grundlage.png. Zugegriffen: 2. August 2022.

elle Abwägung bei der Entscheidung über eine Organspende keine relevanten Differenzierungen liefert. Für die Entscheidung der oder des Einzelnen über Organspende werden diese Aspekte zwar wahrgenommen, aber anders gewichtet, oder es stehen andere Aspekte im Vordergrund.

Empirische Untersuchungen zeigen, welche Rolle die gesellschaftlichen Diskussionen als Rahmen für die Entscheidung über Organspende spielen, weisen aber darüber hinaus auf eine Reihe weiterer Faktoren hin, die für die Entscheidungen relevant sind.[5]

4.1 Selbstbestimmung als Herausforderung

Das ethische Prinzip des Respekts der Autonomie überlässt es dem oder der Einzelnen, diese Möglichkeit auch zu nutzen. Wie oben bereits angedeutet, wird der von Rechts wegen gewährte Rahmen, selbstbestimmt über die Organspende zu entscheiden und dies schriftlich in einem Organspendeausweis oder zukünftig auch in einem Register zu dokumentieren, von der Mehrheit der Bevölkerung nicht aktiv genutzt. Dadurch müssen Angehörige für die Verstorbenen den (mutmaßlichen) Willen transportieren. Neben der Bereitschaft, diese Entscheidung zu treffen, ist es für die Entscheidung auch notwendig, auf entsprechende Vorstellungen des oder der Verstorbenen aus früheren Gesprächen zurückgreifen zu können, um den mutmaßlichen Willen zu erfassen. Liu et al. (2021) zeigen in einer quantitativen Studie, die in Singapur durchgeführt wurde, dass die Mehrheit der befragten Angehörigen für sich selbst in Anspruch nimmt, mit hoher Zuverlässigkeit den Willen von Angehörigen in Bezug auf Organspende übermitteln zu können, obwohl 78 % der Befragten noch nie mit den Angehörigen darüber gesprochen hatten. Welche Vorstellungen des oder der Verstorbenen für die Entscheidung über die Organspende relevant sind, wenn keine expliziten Gespräche dazu geführt wurden, gilt es dann im Gespräch mit dem oder der Transplantationsbeauftragten zu besprechen. Dafür bedarf es besonderer Erfahrung.

Die Studie von de Groot et al. (2015) gibt weitere Hinweise darauf, wie Kommunikation über Organspende und der Respekt der Autonomie in der Praxis miteinander verwoben sind. Sie zeigen, dass fehlende familiäre Kommunikation über Organspende besonders bei den Familien vorkommt, die sich gegen eine Organspende des oder der Verstorbenen aussprechen. Zu ähnlichen Ergebnissen kommt auch eine Studie aus der Schweiz. Schulz et al. (2012) weisen darauf hin, dass in Familien mit einer grundsätzlich skeptischeren Haltung gegenüber der Organ-

---

[5] Vgl. hierzu auch den Beitrag von Elena Link & Mona Wehming in diesem Band.

spende auch wenig über Einstellungen gegenüber Organspende gesprochen wird. Damit verbunden ist, dass Angehörige die Entscheidung über Organspende nicht im Sinne der Autonomie des oder der Verstorbenen verstehen, sondern als ihre Entscheidung (de Groot et al. 2015). Dadurch steht nicht der Wunsch des oder der Verstorbenen im Mittelpunkt, und ethische Abwägungen spielen eine untergeordnete Rolle. Als zentraler Punkt wird vielmehr die körperliche Unversehrtheit der Leiche benannt.

4.2 Zum Wohl Dritter

Das Wohl der Organempfängerinnen und -empfänger ist zentral für alle Abwägungen in Bezug auf die Regelungen zur Organspende. Transplantationsbeauftragte[6] bringen durch die Frage nach der Organspende diese Perspektive ein. Studien konnten zeigen, dass Verweise darauf von Angehörigen als moralischer Druck wahrgenommen werden können (Darnell et al. 2020); sie beziehen dieses Argument nicht immer als eine ethische Dimension in ihre Überlegungen zur Organspende ein. Die Wahrnehmung von Druck kann die Entscheidungssituation negativ beeinflussen.

Die Studie von de Groot et al. (2015) gibt verschiedene Hinweise, wie weitere Aspekte von Wohl im Verlauf der Entscheidung, die Angehörige für ein verstorbenes Familienmitglied in Bezug auf Organspende treffen müssen, eine Rolle spielen. Aus den Ergebnissen wird deutlich, dass manche Familien, die keine Einwilligung in die Organspende gaben, bereits die Entscheidungssituation als Belastung empfanden. Sie gaben an, dass sie in der Situation nicht in der Lage waren zu entscheiden. Familien, in denen eine Spende realisiert wurde, verwiesen dagegen auf den Werthintergrund (altruistischer Akt, Hilfe für Dritte, Stolz auf den Angehörigen). Im Prozess der Trauer konnte so für diese Gruppe neben das Gefühl des Abschieds und Verlusts auch das Gefühl der Dankbarkeit treten. Zur Dankbarkeit über die gemeinsame Zeit kann so auch Dankbarkeit über die Organspende als altruistischen Akt hinzukommen. Dies setzt allerdings voraus, dass diese Dimension des

---

[6] Das deutsche Transplantationsgesetz (TPG 1997) regelt, dass ein Arzt oder eine Ärztin als Transplantationsbeauftragte/r für die Koordination aller Abläufe rund um die Organtransplantation zuständig ist (vgl. hierzu auch die Einführung in diesen Band), womit jedoch nicht immer zwingend das Führen der Angehörigengespräche einhergeht. Idealerweise leisten das diejenigen Medizinerinnen und Mediziner, die mittles vorhandener Vertrauensbasis und Qualifikation dazu bestmöglich geeignet und verfügbar sind. Wenn im Weiteren von „Transplantationsbeauftragten" die Rede ist, so sind genau diese Ärztinnen und Ärzte gemeint.

Abschiednehmens für die Angehörigen in greifbarer Nähe ist. Insbesondere bei traumatischen Verläufen kann dies als besonders schwierig oder unmöglich empfunden werden.

4.3 Abwägungsfragen auf Seiten des medizinischen Personals

Transplantationsbeauftragte sind im Angehörigengespräch sowohl dem oder der Verstorbenen als auch den Angehörigen gegenüber verpflichtet. Gleichzeitig wird durch sie die Perspektive der potenziellen Organempfängerinnen und -empfänger eingebracht. Sie stehen damit vor der Aufgabe, diese verschiedenen Bezüge im Gespräch mit Angehörigen jeweils gegeneinander abzuwägen. Dass dies von Transplantationsbeauftragten als Herausforderung erlebt wird, zeigt eine Studie von Anthony et al. (2021), die deren Perspektive in Ontario untersuchten. Die Befunde ihrer qualitativen Studie legen nahe, dass auch in Situationen, in denen die Einwilligung des oder der Betroffenen in die Organspende vorliegt, die Kommunikation mit Angehörigen herausfordernd sein kann. Im Fall, dass eine Einwilligung zur Organspende vorab schriftlich dokumentiert wurde, die Angehörigen sich aber gegen eine Organspende aussprechen, geben die befragten Ärztinnen und Ärzte an, dass sie hier einen zweifachen Konflikt erleben: zum einen gegenüber dem Patienten oder der Patientin, deren selbstbestimmte Entscheidung nicht respektiert wird, und zum anderen in der Fürsorge gegenüber potenziellen Empfängern und Empfängerinnen von Organen, denen nicht geholfen werden kann. Die Verpflichtung der Transplantationsbeauftragten gilt dabei dem Wohl des Patienten bzw. der Patientin und der Angehörigen gleichermaßen. Die Transplantationsbeauftragten sehen sich zunächst in der Rolle des Fürsprechers für den Patienten oder die Patientin. Es wird aber auch über besondere Umstände berichtet, in denen Angehörige besonders belastet sind, so dass die Fürsorge ihnen gegenüber überwiegt. Interessant ist dabei, dass die Frage nach der Organspende als besondere Zusatzbelastung beschrieben wird, für die nicht die nötigen Ressourcen auf Seiten der Angehörigen vorhanden sind (vgl. auch de Groot et al. 2015).

Dicks et al. (2019) zeigen auf der Basis einer Literaturübersicht, dass die in diesen Abwägungen grundgelegten Fragen über die Kommunikationssituationen bzgl. Organspende hinausgehen und auf Vorstellungen des ärztlichen Ethos verweisen. Es wird ein Widerspruch wahrgenommen zwischen der ärztlichen Aufgabe, Leben zu retten und der Benennung eines Patienten oder einer Patientin als Organspender oder -spenderin. Herausfordernde Situationen bleiben zudem nicht auf den Umgang mit Angehörigen beschränkt. Auf Grund der notwendig komplexen Strukturen und vielfältigen involvierten Personen können sich auch kommunikative Herausforderungen und Vertrauensverluste zwischen verschiedenen Angehörigen des Gesundheitspersonals ergeben. Die gesellschaftlich vorfindlichen, pluralen Haltungen etwa in Bezug auf den vollständigen irreversiblen Hirnfunktionsausfall als Tod des Menschen bilden sich auch unter im Gesundheitswesen Tätigen ab (Inthorn et al. 2014), so dass auch ein Umgang damit gefunden werden muss, wenn innerhalb des Teams einer Intensivstation Mitarbeitende der Organtransplantation skeptisch gegenüberstehen.

Kommunikation mit Angehörigen zur Frage der Organspende kann auch von dafür geschulten Personen als Herausforderung wahrgenommen werden. Besonders der Umgang mit Trauer und Verlust, ein würdevoller Umgang mit dem oder der Verstorbenen sowie die Verantwortung für einen komplexen Prozess werden von den Beauftragten in der Praxis als besondere Aspekte der Aufgabe benannt. In den Ergebnissen von Simonsson et al. (2020) finden sich Hinweise, dass Erfahrung und Training hilfreich sind, aber auch individuelle kommunikative Fähigkeiten eine zentrale Rolle spielen, ob die Kommunikation als Herausforderung empfunden wird.

4.4　Unbehagen

Die Zustimmung zur Organspende ist nicht nur eine Frage freier Entscheidung, sondern auch der Rahmenbedingungen dieser Entscheidung. Hierzu gehören ausreichende und verständliche Informationen.[7] Die Bereitschaft zur Organspende und die Akzeptanz einzelner Kriterien bedingen sich hier nicht nur auf individueller Ebene, sondern es gibt auch einen Zusammenhang auf gesellschaftlicher Ebene. Die Studie von Becker et al. (2020) systematisiert die Einschätzung verschiedener Expertinnen und Experten hinsichtlich zentraler Einflussfaktoren auf die Zahl der Organspenden im Ländervergleich. Unter den Expertinnen und Experten bestand Einigkeit, dass das Vertrauen in das System Organspende dabei eine wesentliche Rolle spielt und dieses durch Skandale und negative mediale Berichterstattung erschüttert werden kann. Becker et al. (2020) zeigen zudem, dass eine breite Zustimmung zum vollständigen irreversiblen Hirnfunktionsausfall als Todeskriterium eine wesentliche Voraussetzung für die breite Akzeptanz von Organspenden ist. Eine besondere Rolle haben hier im Gesundheitswesen Tätige. Transplantationsbeauftragte berichten (Anthony et al. 2021), dass Skepsis gegenüber einzelnen Aspekten der Organ-

---

[7]Vgl. den Beitrag von Elena Link in diesem Band.

spende auch unter Mitarbeitenden anzutreffen sein kann, was zu zusätzlichen Schwierigkeiten in der Kommunikation mit Angehörigen führen kann.

Das Unbehagen mit der Organspende wurde von Adloff und Pfaller (2017) für den deutschen Diskurs in einer breit angelegten qualitativen Studie untersucht. Neben bekannten Motiven und Gründen, Organspende abzulehnen[8] finden sie Spuren von Positionen des Unbehagens, die im öffentlichen Diskurs über Organspende gegenwärtig keine Rolle spielen. Adloff und Pfaller arbeiten heraus, dass das Unbehagen von den Befragten rund um verschiedene Bezugspunkte im etablierten Diskurs beschrieben wird, ohne sich dabei als klare Gegen- oder Alternativposition formiert zu haben. Die in der Studie befragten Personen hatten eine klare Wahrnehmung des öffentlichen Diskurses über Organspende. Das Unbehagen gegenüber Organspende in dieser Gruppe beruht nicht auf mangelnder oder Fehlinformation, sondern ist tiefer verwurzelt in Vorstellungen von Menschsein und Menschenbild. Dabei sind in der Regel normative und deskriptive Dimensionen miteinander verwoben und mit weiteren Vorstellungen etwa von Leben oder dem Selbst verbunden (Pfaller et al. 2018).

Entsprechend ist dieses Unbehagen nicht mit Desinformation zu verwechseln. Mehr Information oder das vermeintliche Korrigieren von Fehlinformationen ist lediglich eine mögliche relevante Strategie. Die Ergebnisse zeigen, dass sie bei den spezifischen Formen des Unbehagens insbesondere im Blick auf die körperliche Integrität nicht verfängt. Fachliche Information ist dabei nur ein Baustein, der durch Erfahrungen, Werte und andere Aspekte in die Deutung einfließt.

5   Ethische Anmerkungen zum Gespräch mit Angehörigen

Die empirischen Untersuchungen machen deutlich, dass es von ethischer Seite zu kurz gegriffen wäre, die ethischen Fragen der Angehörigenkommunikation vollständig auf die bekannte Diskussion ethischer Argumente und Positionen zur Organspende an sich zurückzuführen. Die besonderen Herausforderungen bestehen darin, gelingende Kommunikation als Voraussetzung für eine auch im ethischen Sinne gute Entscheidung zu unterstützen. Miller und Breakwell (2018) schlagen vor dem Hintergrund ihrer empirischen Ergebnisse daher ein Vorgehen vor, das sich an den unterschiedlichen Gruppen und Problemkonstellationen orientiert. So können Unsicherheiten, Herausforderungen oder auch Formen des Unbehagens ebenso zum Gegenstand des Gesprächs gemacht werden wie bekannte unterstützende Faktoren.

---

[8] Vgl. hierzu den Beitrag von Ruth Denkhaus in diesem Band.

Der klinische Alltag ist geprägt von Entscheidungen, die im Rahmen von Behandlungen getroffen werden müssen. Die gemeinsame Entscheidungsfindung (shared decision making) zwischen Ärzten und Ärztinnen und Patienten und Patientinnen ist ein kommunikativer Prozess, in dem sowohl Informationen übermittelt als auch Werthaltungen als Grundlage für Entscheidungen zur Geltung gebracht werden. Damit geht das shared decision making deutlich über die reine Informationsvermittlung hinaus und ermöglicht eine Deliberation über die Bewertung der Information in Bezug auf das eigene Wohl oder in der Fürsorge für Dritte. Shared decision making ist entsprechend zu unterscheiden von der rechtlichen Vorgabe der Informierten Einwilligung (informed consent) (Bernat und McQuillen 2021).

Die ethische Dimension wird im shared decision making zum Teil einer gemeinsamen Überlegung, in der einzelne ethische Aspekte situativ auszubalancieren sind. Die Würdigung des Willens des oder der Verstorbenen (Respekt der Autonomie) und das Wohl der potenziellen Organempfängerinnen und -empfänger sind dabei wesentliche Bezugspunkte. Darüber hinaus können aber auch relationale Aspekte und das Ermöglichen von Fürsorge von den Angehörigen für die Verstorbenen zum Tragen kommen.

Für Angehörige ist die Entscheidungssituation vor allen Dingen geprägt durch den Verlust eines geliebten Menschen. Tod, Sterben und Trauer sind für ihre Perspektive wesentlich. Doran (2019) argumentiert aus einer katholischen Perspektive heraus, dass bei der Frage der Organspende unterschiedliche moralisch relevante Perspektiven auf eine Entscheidungssituation miteinander in Einklang gebracht werden müssen. Die Organspende als Gabe oder Geschenk in einer von Altruismus geprägten Beziehung zwischen Personen, die sich nicht kennen, ist nur eine mögliche ethisch relevante Sicht. Ganz andere Fragen werden aufgeworfen, wenn die Situation unter der Perspektive einer ars moriendi[9] eingeordnet wird. Diese zweite Perspektive liegt deutlich näher am Empfinden der Angehörigen. Zudem sind Gespräche über Entscheidungen am Lebensende inzwischen deutlich besser etabliert und durch Patientenverfügungen eingeübt. Abschiednehmen und Trauer

---

[9] „Ars moriendi (lat. ‚Die Kunst des Sterbens‘) bezeichnet eine seit der Antike (Cicero) bestehende Gattung religiöser Erbauungsliteratur, die den Menschen auf das ‚richtige‘ Sterben vorbereiten sollte. Ihren Höhepunkt hatte sie vom Spätmittelalter (15. Jhd.) bis zum Barock (17. Jhd.). Im Denken und Fühlen des *Mittelalters* ist die Todesstunde der Ort des Ringens der Mächte des Guten (-> Engel) mit denen des Bösen (-> Teufel) um die Seele des Sterbenden. Ars moriendi meint in diesem mythischen Bild das Gewappnetsein der Seele für diesen finalen Kampf. Entsprechend bedarf es der rechtzeitigen Vorsorge des Menschen und die Erbauungsliteratur des Mittelalters und Barock sucht durch Bilder des *memento mori* (Totentanz, Betrachtungssärglein), durch Beichtformeln und ethische Ratschläge die Vorbereitung zu fördern. (…)" (Hartmann 2005, S. 94; Hervorh. i. Orig.).

wären dann nicht nur erschwerende Rahmenbedingungen der Kommunikation, sondern die Frage der Organspende müsste als integraler Bestandteil der Gestaltung der Sterbephase verstanden werden.[10]

Während vor zehn Jahren noch gefordert wurde, dass in die Gespräche „Fürsprecher für die Anliegen der Personen auf der Warteliste" involviert sind (Klinkhammer 2011), wird die Aufgabe der Transplantationsbeauftragten inzwischen anders beschrieben. In aktuellen Überlegungen zu den Gesprächen mit Angehörigen stehen die „Abwägungen zwischen dem Organspendewunsch und dem Willen zur Therapiebegrenzung" (Sinner und Schweiger 2021, S. 917) im Zentrum. Sich die Erfahrungen zur Kommunikation über Situationen am Lebensende für das Gespräch mit Angehörigen anzueignen, kann helfen, insbesondere Familien zu unterstützen, in denen Skepsis, Unbehagen und wenig Kommunikation über Organspende besteht.

Schulz et al. (2012) verweisen dabei auch auf die Funktion öffentlicher Kampagnen. Kampagnen könnten dazu anregen, in Familien mehr über Organspende zu sprechen und so den Organspendewunsch von Familienmitgliedern den Angehörigen bewusst zu machen. Dabei muss es das Ziel sein, die Kommunikation über Organspende insgesamt zu stärken (Murray et al. 2013), um so Entscheidungsprozesse zu unterstützen und zu verbessern. Dadurch wird schlussendlich die Selbstbestimmung gestärkt und Angehörige werden entlastet.

Literatur

Adloff, F. & Pfaller, L. (2017). Critique in statu nascendi? The Reluctance towards Organ Donation. *Historical Social Research, 42*(3), 24–40. https://doi.org/10.12759/hsr.42.2017.3.24-40.

Anthony, S. J., Lin, J., Pol, S. J., Wright, L. & Dhanani, S. (2021). Family veto in organ donation: the experiences of Organ and Tissue Donation Coordinators in Ontario. Veto familial au don d'organes: expériences des coordonnateurs en don d'organes et de tissus en Ontario. *Canadian journal of anaesthesia = Journal canadien d'anesthesie, 68*(5), 611–621. https://doi.org/10.1007/s12630-021-01928-0.

Beauchamp, T. L. & Childress, J. F. (2009). *Principles of biomedical ethics*. 6th Ed.. New York: Oxford University Press.

---

[10] In einigen Vorlagen für Patientenverfügungen wurden daher die Frage nach der Organspende und der Einfluss auf mögliche Therapieentscheidungen am Lebensende explizit integriert; vgl. exemplarisch S. 2 der Patientenverfügung der Ärztekammer Niedersachsen unter https://www.aekn.de/fileadmin/inhalte/pdf/patienten/AEKN_Patientenverfuegung_sw_A4.pdf. Zugegriffen: 2. August 2022.

Becker, F., Roberts, K. J., Nadal, M., Zink, M., Stiegler, P., Pemberger, S., Castellana, T. P., Kellner, C., Murphy, N., Kaltenborn, A., Tuffs, A., Amelung, V., Krauth, C., Bayliss, J. & Schrem, H. H. (2020). Optimizing Organ Donation: Expert Opinion from Austria, Germany, Spain and the U.K.. *Ann Transplant. 2020, 17*(25). https://doi.org/10.12659/AOT.921727.

Bernat, J. L., & McQuillen, M. P. (2021). On Shared Decision-making and Informed Consent. *Neurology. Clinical practice, 11*(2), 93–94. https://doi.org/10.1212/CPJ.0000000000000823.

Blaes-Eise, A. B., Moos, S., Schmid, M. & Mauer, D. (2009). Das Angehörigenprojekt der Deutschen Stiftung Organtransplantation – Region Mitte. Ergebnisse der Befragung von Angehörigen von Organspendern (2000–2007). *Anästh Intensivmed 2009;50*, 77–85, https://www.ai-online.info/images/ai-ausgabe/2009/02-2009/2009_2_77-85_Das%20Angehoerigenprojekt%20der%20Deutschen%20Stiftung%20Organtransplantation%20-%20Region%20Mitte.pdf.

Bundesgesetzblatt (1997). *Gesetz über die Spende, Entnahme und Übertragung von Organen und Geweben (Transplantationsgesetz – TPG).* Bundesgesetzblatt Jahrgang 1997 Teil I Nr. 74, ausgegeben zu Bonn am 11. November 1997. https://www.bgbl.de/xaver/bgbl/start.xav?start=%2F%2F*%2A%5B%40attr_id%3D%27bgbl197s2631.pdf%27%5D#__bgbl__%2F%2F*%5B%40attr_id%3D%27bgbl197s2631.pdf%27%5D__1656954590798. Zugegriffen: 4. Juli 2022 [zitiert als: TPG 1997].

Chewning, B., Bylund, C. L., Shah, B., Arora, N. K., Gueguen, J. A. & Makoul, G. (2012). Patient preferences for shared decisions: a systematic review. *Patient education and counseling, 86*(1), 9–18. https://doi.org/10.1016/j.pec.2011.02.004.

Darnell, W. H., Real, K. & Bernard, A. (2020). Exploring Family Decisions to Refuse Organ Donation at Imminent Death. *Qualitative health research, 30*(4), 572–582. https://doi.org/10.1177/1049732319858614.

de Groot, J., van Hoek, M., Hoedemaekers, C., Hoitsma, A., Smeets, W., Vernooij-Dassen, M. & van Leeuwen, E. (2015). Decision making on organ donation: the dilemmas of relatives of potential brain dead donors. *BMC medical ethics, 16*(1), 64. https://doi.org/10.1186/s12910-015-0057-1.

Deutscher Ethikrat (2015). Hirntod und Entscheidung zur Organspende. Stellungnahme. Berlin. https://www.ethikrat.org/fileadmin/Publikationen/Stellungnahmen/deutsch/stellungnahme-hirntod-und-entscheidung-zur-organspende.pdf. Zugegriffen: 02. August 2022.

Deutsches Referenzzentrum für Ethik in den Biowissenschaften (2022). Im Blickpunkt: Organtransplantation. http://www.drze.de/im-blickpunkt/organtransplantation. Zugegriffen: 28. Juli 2022 [zitiert als: DRZE 2022].

Dicks, S. G., Burkolter, N., Jackson, L. C., Northam, H. L., Boer, D. P. & van Haren, F. (2019). Grief, Stress, Trauma, and Support During the Organ Donation Process. *Transplantation direct, 6*(1), e512. https://doi.org/10.1097/TXD.0000000000000957.

Doran S. (2019). Organ Donation and the *Ars Moriendi. The Linacre quarterly, 86*(4), 327–334. https://doi.org/10.1177/0024363919874591.

Hansen S. L., Eisner M. I., Pfaller L. & Schicktanz S. (2017). „Are you in or are you out?!" Moral appeals to the public in organ donation poster campaigns: A multimodal and ethical analysis. *HEALTH COMMUN 0*, 1–15, https://doi.org/10.1080/10410236.2017.1331187.

Hartmann, S. (2005). Ars moriendi. In C. Auffarth, J. Bernard, H. Mohr, A. Imhof & S. Kurre (Hrsg.), *Metzler Lexikon Religion*. Wiesbaden: Springer, 94–95.

Inthorn J., Wöhlke S., Schmidt F. & Schicktanz S. (2014). Impact of gender and professional education on attitudes towards financial incentives for organ donation: results of a survey among 755 students of medicine and economics in Germany. *BMC Med Ethics. 2014 Jul 5*(15), 56. https://doi.org/10.1186/1472-6939-15-56.

Klinkhammer, G. (2011). Angehörigenbetreuung von Organspendern: Respekt und Fürsorglichkeit. *Dtsch Ärztebl 2011, 108*(40), A2086-8.

Liu, C. W., Chen, L. N., Anwar, A., Lu Zhao, B., Lai, C., Ng, W. H., Suhitharan, T., Ho, V. K. & Liu, J. (2021). Comparing organ donation decisions for next-of-kin versus the self: results of a national survey. *BMJ open, 11*(11), e051273. https://doi.org/10.1136/bmjopen-2021-051273.

Miller, C. & Breakwell, R. (2018). What factors influence a family's decision to agree to organ donation? A critical literature review. *London journal of primary care, 10*(4), 103–107. https://doi.org/10.1080/17571472.2018.1459226.

Murray, L., Miller, A., Dayoub, C., Wakefield, C. & Homewood, J. (2013). Communication and consent: discussion and organ donation decisions for self and family. *Transplantation proceedings, 45*(1), 10–12. https://doi.org/10.1016/j.transproceed.2012.10.021.

Nationaler Ethikrat (2007). Die Zahl der Organspenden erhöhen. Zu einem drängenden Problem der Transplantationsmedizin in Deutschland. Stellungnahme, Berlin. https://www.ethikrat.de/fileadmin/Publikationen/Stellungnahmen/Archiv/Stellungnahme_Organmangel.pdf. Zugegriffen: 2. August 2022.

Pfaller, L., Hansen, S. L., Adloff, F. & Schicktanz, S. (2018). Saying no to organ donation': an empirical typology of reluctance and rejection. *Sociology of Health & Illness Vol. 40* (8). https://doi.org/10.1111/1467-9566.12775.

Schulz, P. J., van Ackere, A., Hartung, U. & Dunkel, A. (2012). Prior family communication and consent to organ donation: using intensive care physicians' perception to model decision processes. *Journal of public health research, 1*(2), 130–136. https://doi.org/10.4081/jphr.2012.e19.

Simonsson, J., Keijzer, K., Södereld, T. & Forsberg, A. (2020). Intensive critical care nurses' with limited experience: Experiences of caring for an organ donor during the donation process. *Journal of clinical nursing, 29*(9–10), 1614–1622. https://doi.org/10.1111/jocn.15195.

Sinner, B. & Schweiger, S. (2021). Rolle des Transplantationsbeauftragten. *Der Anaesthesist, 70*(11), 911–921. https://doi.org/10.1007/s00101-021-01023-5.

Wiesing, U. (Hrsg.). (2020). *Ethik in der Medizin. Ein Studienbuch, 5. Aufl.*. Stuttgart: Reclam.

Wöhlke, S., Inthorn, J. & Schicktanz, S., (2015). The Role of Body Concepts for Donation Willingness. Insights from a Survey with German Medical and Economics Students. In R. Jox, G. Assadi & G. Marckmann (Hrsg.), *Organ Transplantation in Times of Donor Shortage – Challenges and Solutions* (S. 27–49). Berlin: Springer.

Zentrale Ethikkommission (2006). Ethikberatung in der klinischen Medizin. *Deutsches Ärzteblatt, 103*(24), A1703-7. https://www.zentraleethikkommission.de/fileadmin/user_upload/_old-files/downloads/pdf-Ordner/Zeko/Ethikberatung.pdf. Zugegriffen: 2. August 2022 [zitiert als: ZEKO, 2006].

Dr. phil. Julia Inthorn ist Philosophin und Medizinethikerin. Sie ist die Direktorin des Zentrums für Gesundheitsethik in Hannover.

Erratum zu: „Mein Herz würde ich niemals hergeben." Ein Überblick über den Forschungsstand zu Befürchtungen und Vorbehalten gegenüber der Organspende in Deutschland

Erratum zu:
Kapitel 4 in: M. E. Fuchs et al. (Hrsg.), *Organspende als Herausforderung gelingender Kommunikation,* **Medizin, Kultur, Gesellschaft,**
https://doi.org/10.1007/978-3-658-39233-8_4

In der ursprünglich veröffentlichten Fassung von Kapitel 4 fehlte folgender Hinweis in Bezug auf den Kapiteltitel: „Das Zitat stammt aus einem Diskussions-Thread zur Organspende im Internet (zitiert nach Ahlert und Sträter 2020, S. 6; die Rechtschreibung wurde für den Zweck angepasst)." Diese Anmerkung wurde nun im Kapitel eingefügt.

Die aktualisierte Version des Kapitels ist verfügbar unter
https://doi.org/10.1007/978-3-658-39233-8_4

M. E. Fuchs et al. (Hrsg.), *Organspende als Herausforderung gelingender Kommunikation*, Medizin, Kultur, Gesellschaft,
https://doi.org/10.1007/978-3-658-39233-8_10

E1

Printed in the United States
by Baker & Taylor Publisher Services